•农民致富关键技术问答丛书•

优质李无公害生产关键技术问答

刘威生　谷继成　编著

北京市科学技术协会支持出版

中国林业出版社

图书在版编目（CIP）数据

优质李无公害生产关键技术问答/刘威生，谷继成编著．
-北京：中国林业出版社，2008.1
（农民致富关键技术问答丛书）
ISBN 978-7-5038-4633-5

Ⅰ.优…　Ⅱ.①刘…②谷…　Ⅲ.李-果树园艺-无污染技术-问答　Ⅳ.S662.3-44

中国版本图书馆CIP数据核字（2007）第195813号

出版：中国林业出版社（100009　北京市西城区刘海胡同7号）
网址：http：//www.cfph.com.cn
E-mail：public.bta.net.cn　电话：66184477
发行：新华书店北京发行所
印刷：北京昌平百善印刷厂
版次：2008年3月第1版
印次：2008年3月第1次
开本：850mm×1168mm　1/32
定价：10.00元

前　言

李是消费者喜爱的重要水果之一。随着我国人民生活水平的提高和消费观念的转变，生产优质、安全的李果实，是广大消费者的共同要求，也是提高果业生产效益的重要举措。

作者从事李树研究、推广工作多年，极为重视李无公害生产。为提高果品生产者、经营者及管理者的无公害生产意识；为提供切实可行，又行之有效生产无公害李实用技术，作者总结了多年的科研、生产经验，集中了有关学科的研究成果，写成这本科普小册子。详细地回答了李无公害栽培的基本情况、李无公害栽培的标准要求、供生产无公害李的优良品种、李苗木培育技术、露地及保护地栽培技术、土肥水管理及营养诊断、病虫害防治、采运、加工技术，特别介绍了提高李果营销效益艺术。

书中所介绍的技术先进、行之有效、可操作性强。适合广大果农、园艺工作者、李加工产品经营者和农林院校有关专业师生参考使用。

本书在编过程中，有关专家、同仁提出了很多好的建议，在此一并致谢。

编著者

2008 年 1 月

目 录

3 适宜李无公害栽培的优良品种

4 李苗木培育技术

5 李露地栽培技术

6 李保护地栽培技术

7 李露地栽培土肥水管理及营养诊断

8 李病虫害的无公害防治

9 李采收、储运及加工

1 李无公害栽培须知

生产无公害李，利国利民。本章对李无公害生产的基本情况进行概述：详细介绍李生产现状、李在国内的分布、发展趋势；还介绍了目前李生产中存在的问题；本章还特别强调生产无公害李的重要意义：既能满足人们生活的需要，又可以保障人们的身体健康；既能增加出口创汇，又能增加果农收入，使果农富起来。通过本章介绍可提高果农对生产无公害李的认识，激发果农生产无公害李的积极性、自觉性。

1 什么是李无公害栽培？

李无公害栽培，就是按照国家无公害果品生产的技术规程，进行李园的选择、规划、建园、栽植，进行科学的土肥水管理及病虫害防治，最后进行无污染、无损坏的采收，生产出优质无公害的李果，以满足人们的需要。

2 我国李生产是什么状况？

20 世纪 80 年代前发展缓慢 我国李生产历史悠久，但一直认为李是小果，很长时间不被重视，也没有得到很好发展，所以在全国果业中占的比例很小。

20世纪80年代后期发展迅速 80年代后期，由于国家对果树资源的重视，李子得到了迅速发展，我国栽培的李有中国李、杏李、乌苏李、樱桃李、欧洲李、美洲李、加拿大李和黑刺李等800余个品种或类型，经整理归类仍保留300余份李资源。其份数为世界之最。由于李丰富资源，又受到国家的重视，使得李子得到了迅速发展，至2003年李栽培面积已接近35万公顷，产量163万吨，在发展态势和经济效益上已占据了重要地位。我国的李产量占世界总产量的48%，是世界上最大的李生产国。与其他国家相比，我国在品种资源和生产规模上具有优势。

存在问题

1）品种老化，当家品种仍然限于古老的地方品种。

2）栽植零星，难以形成商品产量。

3）品种结构不合理。我国与其他国家相比，虽然在品种资源和生产规模上具有优势，但是品种构成极不合理，鲜食品种占80%～90%，而世界发达国家恰恰相反。美国李总产量的87%产于加利福尼亚州，在生产的果品中，除了一部分外销，其余内销的果品绝大部分用于加工，其中45%用于浓缩李汁，36%制李干，14%贮藏，3%制罐头，用不足1%的果加工婴儿食品，再用不足1%的果生产李酱。强大的加工业极大地带动了当地的果业及与之配套的服务、加工业的发展。

4）李果成熟期过于集中。我国生产中的李果成熟期过于集中，因此，其鲜果供应期很短，人们称之为时令性水果。一般我国李鲜果的集中供应期为50～60天，日本鲜李的供应期在70天左右，而美国的鲜李供应期约为140天。此外他们十分重视生产中不同成熟期品种的选择与栽植比例的研究，适当控制数量和产量。而我国对生产中的李子种植结构却处于一种无序状态，不考虑市场的容量盲目发展。如我国南方的萘李在20世纪80年代后期刚刚鉴定时，市场罕见，价格很高，于是便争相发展。到90年代后期，南方萘李的生产面积超过了6.7万公顷，占南方李生产面积的60%以上，同一品种如此迅速地发展，后备工作又跟不上，造成一时间销售困难，给种植者带来重大损失。

3 李在我国主要分布在哪些地区?

李子在我国主要分布在南方地区，包括广东、广西、福建、四川等地，该区面积约占全国的62.4%，产量约占61.3%，北方地区主要分布在河北和辽宁一带。见表1。

表1 2003年我国李主产区生产现状调查统计表

地区	面积(公顷)	产量(吨)	地区	面积(公顷)	产量(吨)
广东	58880	275000	辽宁	21966	85926
广西	56750	213700	重庆	18000	80400
河北	43300	51000	江西	16000	43000
福建	34350	238409	合计	282846	1138035
四川	33600	150600	全国	348623	1632605

4 李生产的发展趋势及急需解决的问题是什么?

李是深受消费者欢迎的高级营养品，而李树又具有适应性强、进入结果期早、经济效益高等特点在国际市场具有很强的竞争力，在我国发展前景十分广阔。在市场经济和当前农村大力调整农业产业结构的新形势下，今后发展李生产要主要解决以下问题：

① 加强品种更新换代步伐，大力推广普及优新品种。

② 改变大冠稀植的传统方式，向矮化密植方向发展。

③ 倡导集约化规模经营，形成产业化体系。

④ 对新发展的李园，注意采用现代化和规模化的配套栽培管理技术。

⑤ 改进储藏、运输条件，提高加工能力。

5 我国为什么要发展李无公害栽培?

满足人民生活需要，有利人体健康 李的果实不仅美丽、芳香、多汁、酸甜适口，而且有着丰富的营养物质，是优良的鲜食水果。在 100 克李的果肉中，含糖 7 ~ 17 克，蛋白质 0.5 ~ 0.7 克、脂肪 0.2 ~ 0.6 克、碳水化合物 9 ~ 12.9 克，钙 17 毫克，磷 20 毫克、铁 0.5 毫克，还含酸 0.16% ~ 3.0%。此外还含有维生素 A 0.11 毫克，维生素 B1 0.02 毫克，维生素 P 0.3 毫克，维生素 C 2 ~ 11 毫克等。所有这些成分都是人体健康不可缺的营养物质。

与国际市场接轨 随着我国加入 WTO，关税进一步降低，传统的非关税逐步拆除，用关税和传统的非关税来限制进口的余地已经很小。与此同时，随着国民经济的发展和人民生活水平的提高，人们更加注重人体健康和周围环境的质量，所以更青睐于对环境较为有利的产品，而对有害于人体健康和破坏生态环境的产品则加以抵制。于是“绿色壁垒”作为一种非关税壁垒应运而生。

“绿色壁垒”给我国企业带来的贸易影响是深远的，而我国企业和政府组织在充分利用 WTO 的相关协议和条款来维护自身正当利益的同时，正着重考虑建立和调整我国可持续贸易体系。其中有一项重要的内容就是加大推广绿色增长模式的力度。

树立食品安全理念，保证人体健康 1972 年联合国召开的“人类与环境”大会上，提出了“生态农业”的概念。之后许多国家提倡在食品原料生产、加工等各个环节树立“食品安全”思想。对这类食品的叫法不同，我国称为“无公害食品”。无公害食品在我国是指产地环境、生产过程和最终产品符合无公害食品的标准和规范。这类产品中允许限量、限品种、限时间地使用人工合成化学农药、兽药、渔药、肥料、饲料添加剂等。

由农业部组织实施的“无公害食品行动计划”于2001年率先在北京、天津、上海、深圳四个城市进行试点。此项计划将用8~10年的时间，基本实现全国主要农产品生产和消费无公害。“无公害食品行动计划”将以全面提高我国农产品质量安全水平为核心，以“菜篮子”产品为突破口，以市场准入为切入点，从产地和市场两个环节入手，通过对农产品实行“从农田到餐桌”全过程质量安全控制。通过试点，推动“无公害食品行动计划"在全国范围的实施。

扩大农产品出口创汇，增加农民收入 农产品质量安全问题已成为当前我国农业和农村经济发展的一个主要矛盾，也直接影响我国农产品的出口和国际市场竞争力。发展无公害食品，不仅有利于保护环境，促进农业可持续发展，而且有利于增加农民收入，提高企业的经济效益，扩大农产品出口创汇，这是一项利国利民的工作。

2

无公害李的质量标准、要求

无公害李的质量标准，申报生产无公害李的程序，是果农非常关心的问题。本章重点介绍无公害李的质量标准，回答了生产无公害李个人申报、评审及最终审定的必须程序，为生产无公害李的果农提供切实可行的申报程序。

本章还详细介绍了大气、土壤、化肥、农药污染对李品质的影响，并介绍了国家对上述污染源所制定的标准使果农在生产无公害李时有章可循。

6 无公害李的质量标准是什么?

感官要求 果实基本发育成熟，具有本品种特有风味和固有的色泽；新鲜洁净，无灰尘泥物，无异常外来水分；无萎蔫变色、腐烂、霉变、异味、病虫害、明显碰压伤；无汁液浸出。

卫生要求 卫生要求应符合表2 的规定。

表 2 无公害食品李卫生指标

项目	指标(毫克/千克)
铅(以 Pb 计)	≤0.2
镉(以 Cd 计)	≤0.03
多菌灵	≤0.5
百菌清	≤1.0
氰戊菊酯	≤0.2
氯氰菊酯	≤2.0
氯氟氰菊酯	≤0.2
敌敌畏	≤0.2

注：凡国家规定禁用的农药，不得检出。

7 无公害李质量如何认证?

单位或个人申请 为加强无公害李的规范化管理，维护其产品信誉，保护消费者身体健康，促进无公害李规模化生产，确保其产品标准化加工、包装和质量安全，需要对无公害李进行申报和认定。

凡具备无公害李生产条件的单位或个人，均可通过当地有关部门向省级无公害农产品管理办公室申请无公害农产品标志和证书。申请者按要求填写无公害农产品申请书、申请单位或个人基本情况及生产情况调查表、产品注册商标文本复印件及当地农业环境保护监测机构出具的初审合格证书。

省级农业环境保护监测机构评价 在认为申报基本条件合乎要求后，委托省级农业环境保护监测机构对李产品质量及产地环境条件进行检测，并出具环境条件和产品质量评价报告。

省级无公害农产品管理部门终审 省级无公害农产品管理部门根据评价报告和上报材料进行终审。终审合格的，由省级无公害农产品管理部门颁发无公害农产品认证证书，并向社会公告。

同时，与生产者签订《无公害农产品标志使用协议书》，授权企业或个人使用无公害农产品标志。

无公害农产品标志和认证证书有效期为3年。期满需要继续使用的，应当在有效期满90日前按照《无公害农产品标志管理办法》规定的无公害农产品认证程序，重新办理。

使用无公害农产品标志的单位或个人，必须严格履行《无公害农产品标志使用协议书》，并接受环境和质量检测部门进行的定期抽检。

取得无公害农产品标志的生产单位和个人，应在产品说明或包装上标注无公害农产品标志、批准文号、产地、生产单位等。标志上的字迹应清晰、完整、准确。

8 大气环境对无公害李生产会产生什么影响?

大气悬浮颗粒污染土壤、灌溉水，影响李光合、呼吸作用和水分蒸腾等生理活动 大气中总悬浮颗粒物俗称粉尘，是指能悬浮在空气中，直径≤100微米的颗粒物。它是可吸入的颗粒物，其含量是衡量空气质量的一个重要指标。其污染源是工矿企业排放的烟尘，其中含有铅、铝、铬等金属微粒，可随气流飘移，因相互碰撞吸附成为较大的颗粒降落地面，对土壤、灌溉水造成严重污染。当降落到植株上，会使嫩叶和果实上产生污斑，影响光合作用、呼吸作用和水分蒸腾等生理活动，果实品质和商品性降低。

二氧化硫影响光合作用 二氧化硫是由煤、石油和焦油等燃烧时产生的有害气体，在大气中普遍存在，二氧化硫可以通过气孔进入叶片，破坏叶绿素，影响光合作用，使组织脱水。在叶脉间出现黄色或褐色斑块，使叶片脱落。果树开花期对二氧化硫最为敏感。二氧化硫遇水会形成亚硫酸，若果树已喷过波尔多液，会将其中的铜离子游离出来而造成药害。大气中二氧化硫浓度高，会进一步氧化并与雨、雾、霜等结合形成酸雨造成大面积危害。

氟化物抑制李生殖生长，抑制李体内多种酶的活性 氟化物是仅次于二氧化硫的污染物。主要有氟化氢、氟化硅、氟化钙、氟气等。污染源来自磷肥、冶金、玻璃、搪瓷、塑料、砖瓦等工厂以及燃煤排放的废气。氟化氢的毒性最大，比二氧化硫的毒性大20倍。氟化物是通过气孔进入植物体内，并溶入汁液中，随植物体内的水分运输，流向各个部分，当积累到一定浓度时会抑制生殖生长，降低花朵受精率，不易坐果。氟化物还能抑制植物体内多种酶的活性，使叶绿素难以形成，造成植物组织失绿。还能引起钙素营养失调，使细胞液外溢，严重时生长点枯死。

氟化物的危害还在于它能破坏臭氧层。臭氧层是地球上空16~48千米平流层内一层薄薄的气体，它能吸收太阳光中杀伤力很强的紫色光线，从而保护地球上的生命。目前南极上空的臭氧层已出现日益增大的空洞，如果到达地球的有害辐射增多，将对人类和动物造成灾难。

氮氧化物降低坐果率 氮氧化物包括一氧化氮、二氧化氮和硝酸雾等含氮氧化物，以二氧化氮的毒性较大。其污染源主要为汽车尾气、锅炉以及药厂排放的废气。二氧化氮危害的作物症状与二氧化硫相似，花期受害可使开花不整齐，花冠边缘有褐色枯斑，花药变色，柱头萎缩，花朵提早脱落，坐果率很低。

氯气破坏细胞结构 氯气是黄绿色的有毒气体，危害极大，其污染源为食盐电解工业及农药、塑料、漂白粉和合成纤维等工厂排放的废气。其危害性大于二氧化硫。它能破坏细胞结构，阻碍水分和养分吸收，植株分枝少，叶片褪绿或焦枯，根系不发达，甚至脱水萎蔫死亡。

大气污染除危害作物外，还会促进某些害虫的繁殖，刺激害虫取食，促进其生长发育和提高生殖能力，如桃蚜取食被二氧化硫污染的寄主植物后，种群指数提高50%以上，而对害虫天敌如瓢虫、寄生蜂等则受到一定伤害。

9 农药污染对无公害李生产会产生什么影响?

化学农药的大量使用抑制植物体内多种酶的活性，使叶绿素难以形成，造成植物组织失绿。还能引起钙素营养失调，使细胞液外溢，严重时不仅破坏生态环境，也危害人体健康，对农作物病虫害却难以有效防治。据统计我国农药产量1949年仅为0.2万吨，1983年达11.7万吨，1996年增至38万吨，而2003年仅4月份的产量就达8.82万吨。但病虫害发生面积无明显减轻，有的反而加重。国外也一样，如美国1945年至20世纪末，杀虫剂用量增加10倍，害虫危害造成的损失却增加了6%。化学农药的大量使用直接污染李树体和果实，严重危害人体健康。

10 化肥污染对无公害李生产会产生什么影响?

化肥使用不当，特别是过量使用氮肥，由于氮素的挥发以及硝化、反硝化过程中会排出大量二氧化氮有害气体。氮肥过多还使土壤中硝酸盐浓度增高，影响李的果品质量。

磷肥使用过多会影响植物对锌、铁元素的吸收，有些劣质磷肥中含有大量有害重金属，而且含有三氯乙醛，它在微生物作用下转变为三氯乙酸，引起李根系萎缩，枝叶生长不良。过磷酸钙中含有大量镉、砷、铅；某些磷矿1吨五氧化二磷（P_2O_5）中就有80～100千克氟，过量施用磷肥会造成氟污染。有的磷矿石中还含有放射性铀和镭。氮肥和磷肥过多会流入江河湖泊，使水体富营养化，污染地下水资源。

过量使用氯化钾化肥会使土壤板结，土壤酸性增加而影响植物生长。氯离子还影响果实品质和产量。氮、钾化肥，施肥量过大，还会造成土壤次生盐渍化。例如使用硫酸铵、氯化铵、氯化钾等，因其有效性高、易被作物吸收，其中的阴离子如 Cl^-、SO_4^{2-} 等，易使土壤溶液的离子浓度升高，从而导致次生盐渍化。

11 重金属污染对无公害李生产会产生什么影响?

土壤和灌溉水受重金属污染已成为突出问题，被重金属污染的李果实对人体伤害极大，如铬中毒导致人体的肺和肾脏等器官受损。1955 年日本的公害病“骨痛病”就是由镉引起，它还有致癌、致畸作用。镉的半衰期长达 20～40 年，已被列为世界八大公害之一。其污染源主要来自矿山、金属冶炼厂和以镉为原料的电镀、化工、电机等工厂排放的“三废”。

砷在土壤中含量一般为 10～13 毫克/千克，含砷量超过 500 毫克/千克时作物已不能生长。砷对人的毒害更大，砷与空气中氧结合形成三氧化二砷(俗称砒霜)，致死量为 0.06～0.2 克。砷急性中毒表现为胃肠炎症状，如腹痛、呕吐甚至失水虚脱死亡。慢性中毒则引起浑身酸痛、腹泻、恶心、呕吐、肝肿大，砷还能引发肺癌、皮肤癌。砷的污染源主要为造纸、皮革、硫酸、冶炼、农药、化肥等工厂排出的废水和废气，民间燃烧 1 吨煤能挥发 2.5 克砷进入大气，也成为污染途径。

汞一旦进入人体很难排除，汞中毒会导致人体的神经系统受损，使手足麻痹、全身瘫痪、语言障碍、失明、精神失常，严重时可痉挛死亡。日本曾发生“水俣病”是因为食用汞污染的食品引起的。我国规定农田灌溉水中汞的含量不得超过 0.001 毫克/升。汞的污染源来自矿山、汞冶炼厂、化工、印染、涂料等工厂排出的“三废”以及农药的使用。

铅污染的食物进入人体后，有 10% 左右被吸收，会引起神经系统、造血系统和血管方面的病变。用汽油做燃料的机动车尾气以及油漆、涂料、蓄电池企业和有色金属冶炼、燃煤等都是主要污染源。

12 塑料污染对无公害李生产会产生什么影响?

农田使用的塑料薄膜是高分子化合物，不易分解，土壤中废旧地膜的残留会破坏土壤结构，影响耕作，污染环境，使耕层透气性差，影响下茬作物的种子吸收水分发芽、根系生长及对养分的吸收，植株生长弱，抗病力降低，导致减产。

农用塑料中还加入邻苯二甲酸酯类的增塑剂，它具有较强毒性，污染环境和食物，对人体有致癌、致畸和致突变的伤害。此外，工业废弃物和城市生活垃圾也是塑料污染源。

13 我国无公害李生产的空气质量、灌溉水质量、土壤环境质量标准是什么?

(1)无公害李生产的产地环境空气质量标准，见表3。

表3 无公害李产地的环境空气质量

项目	浓度限值	
	日平均	1小时平均
总悬浮颗粒物(标准状态)/(毫克/米^3)	0.30	—
氟化物(标准状态)/(微克/米^3)	7	20

注：日平均指任何一日的平均浓度；1小时平均指任何1小时的平均浓度

(2)无公害李生产的产地灌溉水质量标准，见表4。

表 4　无公害李产地的灌溉水质量

项　目		浓度限值
pH 值		5.5 ~ 5.8
化学需氧量/(毫克/升)	≤	40
总汞/(毫克/升)	≤	0.001
总镉/(毫克/升)	≤	0.005
总砷/(毫克/升)	≤	0.05
总铅/(毫克/升)	≤	0.10
铬(六价)/(毫克/升)	≤	0.10
氟化物(以 F^- 计)/(毫克/升)	≤	3.0
氰化物(以 CN^- 计)/(毫克/升)	≤	0.50
石油类/(毫克/升)	≤	0.5
挥发酚/(毫克/升)	≤	1.0
粪大肠菌群数(个/升)	≤	10000

(3) 无公害李生产的产地土壤环境质量标准，见表 5。

表 5　无公害李产地的土壤环境质量

项　目		含量极限		
		pH 值 <6.5	pH 值 6.5 ~ 7.5	pH 值 >7.5
总镉/(毫克/千克)	≤	0.30	0.30	0.60
总汞/(毫克/千克)	≤	0.30	0.50	1.00
总砷/(毫克/千克)	≤	40	30	25
总铅/(毫克/千克)	≤	250	300	350
总铬/(毫克/千克)	≤	150	200	250

注：本表所列含量限值适用于阳离子交换量 >5 厘摩尔/千克的土壤，若≤5 厘摩尔/千克，其含量限值为表内数值的半数。

14 无公害李适宜的气候条件是什么?

李树对环境条件的适应性很强，要求不严。我国除高海拔的青藏高原和低纬度的海南省外，各省(直辖市、自治区)均有栽培。在平地、砂地、浅山区和丘陵区栽培均能正常生长结果。其具体要求是:

温度 李树对温度的要求因种类和品种而异，中国李对温度的适应性强，在北方冬季低温地带和南方炎热地区均可栽培。欧洲李原产地中海南部地区，适宜在温暖地区栽培，抗寒力不如中国李。美洲李比较耐寒，在我国吉林、黑龙江等地栽培较多，不加特殊保护即可越冬。同是中国李，生长在我国北部寒冷地区的绥棱红、绥李3号和龙园秋李等品种，可耐－35～－42℃的低温；而生长在南方的芙蓉李、三华李等，则对低温的适应能力较差，冬季低于－20℃就不能正常结果。杏李原产于中国北部山地，主要分布在华北，其耐寒力较强。

李树生长季节的适温为20～30℃，开花期最适温度为12～16℃，李花期易受低温冻害，不同发育期的有害低温也不相同，如花蕾期－1.1～－5.5℃就会受害；花期和幼果期为－0.5～－2.2℃。因此北方李树要注意花期防冻。李树开花较早，花期易受霜害，建园时要注意选择地势和坡向。

水分 李树对水分的要求，因种类和品种及砧木不同而有差异，欧洲李和美洲李，对空气湿度和土壤湿度要求较高，中国李则要求不高，在干旱和潮湿的地区都能生长。毛桃砧一般抗旱性差，耐涝性较强，山桃耐涝性差抗旱性强，毛樱桃根系浅，不太抗旱。

李树是浅根性果树，抗旱性中等，喜潮湿。李对水分的要求一年中不同时期也是不相同的。新梢旺盛生长和果实迅速膨大时，需水最多，对缺水最敏感，因此，称为需水临界期。花期干旱或水分过多，常会引起落花落果。花芽分化期和休眠期则需适度干旱。

李园上壤如能保持田间持水量的60%～80%，李树就能正常生长发育。当土壤中水分不足，会对李树生长发育产生不良影响。如在幼果膨大初期和枝条迅速生长期缺水，则严重影响果实发育造成大量落果。在果实肥大期缺水，果实细胞分裂受到限制，体积增长较慢。当土壤绝对含水量为10%～15%时，地上部停止生长，低于7%时则根系停止活动。

因此，在较干旱地区栽培李树应有灌溉条件，在低洼黏重的土壤上种植李树要注意雨季排涝。李树宜栽在地下水位低、无水涝危害的地方。空气湿度对李树生长也有很大影响，空气过于干燥，会加强蒸腾强度。尤其是冬季天气干旱时，会使枝条特别是组织不充实的秋梢严重失水枯死，从而出现抽条。

光照 李和桃、杏一样，也是比较喜光的树种，通风透光良好的果园和树体，果实着色好，糖分高，枝条粗壮，花芽饱满。但李对光照的要求不如桃严格，一般在水分条件好、土层比较深厚、光照不太强烈的地方，均能生长良好。但果实却要求充足的光照条件，阳坡的外围向阳的果实着色早，品质佳。阴坡和树膛内光照差的地方果实成熟晚，品质差，枝条细弱，叶片薄。在生长季节，阳光充足，空气比较干燥，花芽分化良好，新梢发育健壮，病虫害少，产量高且风味好。

光的质量对李树也有很大影响，一般漫射光比直射光对李树更为有利。因为漫射光里含李树所需要的红、黄光较多。因此，它的强度虽不及直射光，但可利用的部分较多。光的质量，随着海拔高度与地形而变化。一般漫射光随海拔的增高而减少，而紫外光则有所增加。紫外光有抑制李树生长的作用。所以，高山上的李树比较矮，这与紫外光较强有关。

风 李树对风的抗性弱，强风会给李树带来不良影响，花期如遇伴有大量黄沙的西北风，会吹干柱头，影响授粉；风速大于10米/秒时，常使枝干折断，果实脱落；冬季干燥的北风，也会给李树带来冻害。因此，在有风害的地方建立李园时必须营造防风林带。

15 对无公害李适宜的土壤条件是什么？

李树对土壤要求不十分严格。中国李对土壤适应性超过欧洲李和美洲李。无论是北方的黑钙土、南方的红壤，还是西北高原的黄土，均适合李树生长。李均以土层深厚的沙壤至中壤土栽培表现好。

李树对土壤的要求虽然不严，但不同的土壤类型对李树根系和地上部会产生不同的影响。李的大量吸收根分布较浅，故以保水力较强的黏重土壤为宜。表土浅且过于干燥的沙质土栽培李树时，不但生长不良，且果实近成熟肥大期易发生日烧病，故李园土壤宜土层厚而肥沃。如用瘠薄地，应先行深耕，并多施有机肥；欧洲李宜肥沃的黏壤质土，不适合沙土。美洲李自黏质土至轻沙质土都可适应。

李树对土壤酸碱度的适应能力强，在pH值4.7~7.4的中性偏酸的土壤上均能生长良好。对盐碱土的适应性也强。

16 无公害李对地势有什么要求？

在不同的坡向上，因太阳辐射强度和日照时数有别，使不同坡向的水热状况和土壤的理化性质有较大差异。李喜欢背风向阳的坡地，坡向一般以南坡较好，因南坡温度较高，光照也强，在冬季南坡受来自西北方向的冷凉干燥气流影响小，受光最佳的坡向为南偏东5°，但高寒地区以南偏西5°为宜。

3

适宜李无公害栽培的优良品种

优良的李品种是生产无公害李的重要因素之一。本章详细地介绍了早熟品种：大石早生、奥本琥珀、长李15号、美丽李、早生月光；中熟品种：美国大李、红良锦、大石中生、月光、黑琥珀、香蕉李；晚熟品种：槜李、龙园秋李、理查德、早生黑宝石、秋姬、安哥诺的特点，分布，适栽地区等，可供果农在生产中选择。

17 大石早生的特点是什么?

大石早生原产日本。1939年福岛县伊达郡大石俊雄氏育成，为福摩萨李(台湾李)自然杂交的后代。1983年由上海农科院园艺所引入国家果树种质熊岳李杏圃，现分布于辽宁、河北、上海、山东、江苏、浙江、福建、广东、陕西、甘肃、新疆和宁夏等地。

果实卵圆形，自然结果平均单果重49.5克，最大果重106.0克；果实纵径4.5厘米，横径4.2厘米，果顶尖，缝合线较深，片肉对称，梗洼深而广。果皮较厚，底色黄绿，着鲜红色，果粉较厚，灰白色。果肉黄绿色，肉质细，松脆，纤维细较多。甜酸多汁，微香。可溶性固形物为15.0%，总糖7.5%，蛋白含量

1.9%，脂肪1.5%，总酸1.5%，维生素C 7.19毫克/100克，氨基酸885毫克/100克。常温下果实可存放7天左右。粘核，核较小，可食率97.2%。

在辽宁熊岳地区4月下旬为盛花期，花期7天左右。6月末至7月初果实成熟，果实发育期60天左右，营养生长期230天。

树冠为自然圆头形。树势强，树姿直立，结果后逐渐开张。萌芽率85.1%，成枝率35.7%。以短果枝和花束状果枝结果为主。栽植后2年即开花结果，3年生平均株产2.5千克，最高达5千克，4~5年进入盛果期，5年生树最高株产84.1千克。白花不结实，栽培时需配置授粉树，适宜的授粉品种有美丽李、香蕉李、小核李等。抗旱、抗寒能力强，适应性极广，抗李红点病和细菌性穿孔病。适宜的砧木为毛桃、小黄李，也可用毛樱桃作砧木。

该品种成熟期早，外观美，商品价值高，经济效益可观。也是保护地适宜栽培的品种之一。

18 奥本琥珀的特点是什么？

奥本琥珀李(Au-amber)是由美国奥本大学亚拉巴马州农业试验站J. D. 诺顿教授于1989年由密斯李与狭叶李杂交选育出的极早熟品种。1993年引入国家果树种质熊岳李杏圃。

果实椭圆形，平均单果重42.0克，最大单果重58.0克；果实纵径4.8厘米，横径4.0厘米，侧径3.9厘米。果顶平，缝合线浅、明显，片肉对称，梗洼浅、窄。果皮中厚；充分成熟期全面着紫红色；果粉厚、灰白色；果皮易剥离。果肉淡黄，肉质松软而细，纤维少，汁多味甜，有浓香。可溶性固形物含量19.2%，总糖12.7%，总酸0.8%，维生素C 88.5毫克/千克，果实硬度(带皮)12.1千克/厘米^2。常温下果实可贮放4~6天。粘核，核椭圆形，表面有皱纹。可食率为95%。在果实成熟期间遇雨会有轻微裂果。

在辽宁熊岳地区，4 月下旬盛花，花期持续 4～6 天，7 月初果实成熟，果实发育期69 天左右。11 月上旬落叶，营养生长期约200 天。

树势生长旺盛，树姿开张，叶片浓绿色。容易形成花芽，花量大，坐果率高，以短果枝和花束状枝结果为主。3 年生平均株产 19.8 千克，4 年生平均株产 44.0 千克，5 年生平均株产 48.1 千克。自花结实能力较强，不需配授粉树。与毛樱桃、毛桃、小黄李等砧木嫁接亲和性均好。抗李细菌性穿孔病和细菌性溃疡病。

该品种是极早熟、早果、丰产、优质的李品种，缺点是果实成熟期久旱遇雨时会有轻微裂果。

19 长李 15 号的特点是什么?

长李 15 号是吉林省长春市农科所用绥棱红 × 美国李杂交育成。1993 年鉴定命名，1995 年引入国家果树种质熊岳李杏圃。现在在吉林、黑龙江、辽宁、甘肃等地均有栽培。

果实扁圆形，平均单果重 35.2 克，最大 65.0 克；果实纵径 3.5 厘米，横径 4.3 厘米，侧径 4.3 厘米。果顶略凹，缝合线较深，片肉对称。果皮底色绿黄，成熟时果色鲜红、艳丽，果粉厚，白色。果肉浅黄色，肉质致密，纤维少，汁多味香，酸甜适口。可溶性固形物含量 14.2%，总糖 8.2%，总酸 1.1%，维生素 C4.6 毫克/100 克。离核。品质上等，较耐贮运。

在辽宁熊岳地区 4 月中下旬为盛花期，果实 7 月上中旬成熟，果实发育期 70 天左右，营养生长期 220 天。

树势较强，树姿开张。萌芽率 88.2%，成枝力 21.3%；以花束状果枝和短果枝结果为主。2 年开始结果，3 年进入初果期，4～5 年进入盛果期，株产可达 20.0 千克，7 年生株产 35.0 千克，早期丰产性强。自花不结实，栽培时需配置授粉树，适宜的授粉品种有大石中生、龙园秋李等。适宜的砧木有毛桃、毛樱桃和小黄李。

该品种抗逆性较强，抗寒性强，果实外观美，丰产，耐贮运。由于该品种坐果率较高，采前落果轻，栽培上应注意加强疏花疏果措施，以利增大果个。

20 美丽李的特点是什么?

原产美国，栽培历史悠久。属于中国李的一个品种。现分布于辽宁、河北、山东、山西、陕西、云南、贵州、广西、内蒙古等地。

果实近圆形或心形，平均单果重 87.5 克，最大果重 156.0 克，属大果型；果顶尖或平，缝合线浅，但达梗洼处较深，片肉不对称；果皮底色黄绿，着鲜红或紫红色，皮薄，充分成熟时可剥离；果粉较厚，灰白色；果肉黄色，质硬脆，充分成熟时变软，纤维细而多，汁极多，味酸甜，具浓香；可溶性固形物含量 12.5%，总糖 7.0%，总酸 1.2%。粘核或半离核，核小。种仁小而干瘪。可食率 98.7%。鲜食品质上。在常温下果实可贮放 5 天左右。

在辽宁熊岳 4 月中下旬盛花，花期 6 天左右。7 月下旬果实成熟，果实发育期 85 天左右，营养生长期约 220 天。

树势中庸，萌芽率 74.6%，成枝率 9.5%。栽后 2~3 年开始结果，4~5 年可进入盛果期，自花不结实，需配置授粉树，适宜的授粉品种有大石早生李、跃进李、绥李 3 号等。4 年生树平均株产 19.8 千克，最高株产 41.3 千克，经济寿命 40 年左右。不抗细菌性穿孔病。与李、杏、毛樱桃均可嫁接。抗旱、抗寒能力均较强，一般年份在冬季零下 28.3℃的情况下无冻害。对栽培技术、肥水条件要求严格。

该品种是美国 20 年代李的主栽品种之一，果大、色美、鲜食品质极上，是一个优良品种。

21 早生月光的特点是什么？

原产日本，1984 年引入辽宁国家果树种质熊岳李杏圃内。

果实卵圆形，平均单果重 69.3 克，最大单果重 95.9 克；果顶凸尖、缝合线浅、片肉不对称；果皮底色绿黄，着粉红色，皮厚不易剥离；果粉薄、灰白色；果肉黄色、质硬脆、纤维细而少、汁极多、味甜、香味浓；含可溶性固形物 13.4%，总糖 10.0%，总酸 0.9%。粘核、核小、卵圆形、近核处有空囊。种仁较饱满。可食率 98.4%。鲜食品质上。在常温下果实可存放 7 天以上。

在辽宁熊岳地区 4 月下旬盛花，花期 5～7 天。7 月下旬果实成熟，果实发育期 85 天左右。营养生长期 200 天左右。

树势中庸。萌芽率 85.4%，成枝力 17.9%。栽后 2～3 年开始结果，5～6 年进入盛果期，10 年生树最高株产 50 千克，经济寿命 30 年。自花结实率低人工授粉结实率可达 19.7%，最适宜的授粉品种为月光李、红肉李。抗寒和抗旱力较强，在冬季零下 28.3℃低温下，能安全越冬。与李砧、毛樱桃砧嫁接亲和良好。枝干较抗细菌性穿孔病，易遭蚜虫危害。

该品种抗寒、抗旱能力较强，抗细菌性穿孔病，适应性强，进入结果期早，丰产。果实较大，果形独特，外观美，是早熟鲜食优良品种，也可以加工罐头。对栽培技术要求严格。可在我国东北南部、华北和南方发展。

22 美国大李的特点是什么？

原产美国，栽培历史悠久。原名及引进中国时间不详。1986 年收集到国家果树种质熊岳李杏圃内。现分布于北京、河北和辽宁等地。

果实圆形，平均单果重 70.8 克，最大单果重是 110.0 克；果顶凹陷、缝合线较浅、片肉对称；果皮底色黄绿，着紫黑色，皮薄；果粉厚，灰白色；果肉橙黄色，质致密，纤维多，汁多，味甜酸；含可溶性固形物12.0%，pH4.5，总糖6.3%，总酸1.1%。离核，核长圆形。可食率98.1%。品质上等。常温下果实可贮放8天左右。

在辽宁熊岳地区4月下旬盛花，花期5~7天。7月下旬果实成熟，果实生育期90天。营养生长期220天。

树势较强，树冠直立。1年生枝黄白色，萌芽率为52.0%，成枝力8.0%。以短果枝和花束状果枝结果为主。3~4年生开始结果，5~6年生进入盛果期，8~9生进入盛果期，单株产量15.0千克，经济寿命35年。采前落果轻。抗寒和抗旱性较差，抗细菌性穿孔病能力较弱。自花结实，但花期较晚，若配授粉树可选美丽李。

该品种果实较大，外观美，较丰产，品质佳，是鲜食优良品种，也可加工制脯或制罐头。是较耐贮运的大果型中熟良种。但其抗寒、抗旱性较差，可在辽宁中部以南的地区发展。

23 红良锦的特点是什么？

原产日本，是日本福岛县的营野辜夫氏于1977年从大石早生与当地品种杂交实生苗中选育出的新品种。1987年进行种苗登记。1997年辽宁省果树科学研究所从日本引入，保存于国家果树种质熊岳李杏圃中。

果实卵圆形，平均单果重75.0克，最大果重100.0克；果顶稍有凸状，缝合线浅，片肉较对称；果皮底色黄绿，初期着鲜红色，接近成熟时全面紫红。果皮薄，不易剥离；果粉较薄，蓝白色；果肉淡黄色，肉质松脆，纤维细而小，汁多，味甜酸；含可溶性固形物10.1%，总糖7.0%，总酸1.1%，含维生素C 4.4毫克。粘核；鲜食品质上。

在辽宁熊岳地区4月下旬盛花，7月下旬果实成熟，果实发育期 90 天。营养生长期 200 天。

该品种树势强。高接后第 2～3 年开始结果，丰产。树体抗病性较差。

24 大石中生的特点是什么?

大石中生李是日本福岛县大石俊雄育成，1974 年定名。1985 年辽宁省果树科学研究所从日本引入，保存于国家果树种质熊岳李杏圃中。近年来，辽宁、河北、山东、四川、北京等地引种试栽，表现良好。

果实椭圆形，平均单果重 65.9 克，最大果重 84.5 克；果顶尖，缝合线浅，片肉较对称；果皮底色绿黄，果面底色金黄、阳面着鲜红色。果皮薄，不易剥离；果粉较薄，灰白色；果肉淡黄色，质硬脆，纤维细而小，汁多，味甜酸，具浓香；含可溶性固形物 13.0%，总糖 8.3%，总酸 1.0%，维生素 C 5.32 毫克。粘核，核较小；种仁较饱满。可食率 97.8%。鲜食品质上。在常温下果实可贮放 5～7 天。

在辽宁熊岳地区 4 月下旬盛花，8 月上旬果实成熟，果实发育期 95 天。营养生长期 200 天。

树势中庸，萌芽率 82.1%，成枝力 17.1%。栽后 2～3 年开始结果，5～6 年进入盛果期，8 年生最高株产达 50 千克。自花不结实，人工授粉结实率可达 19.5%，适宜的授粉品种有大石早生、美丽李。

该品种抗寒、抗旱、抗病能力较强，丰产，果实较大，外观美丽，是优良的中熟品种，可在辽宁中部以南等地区发展。

25 月光李的特点是什么?

原产日本，现分布于辽宁、陕西、上海等地。

果实卵圆形，平均单果重 56.3 克，最大单果重 66.5 克；果顶尖，缝合线浅，片肉对称；果皮底色黄，着鲜红色，果皮薄；果粉薄，灰白色；果肉黄色，肉质松脆，纤维多，汁极多，味甜，具微香；含可溶性固形物 12.3%，总糖 7.19%，总酸 1.5%。半离核；核长卵圆形。可食率 97.5%。品质中上。在常温下果实可存放 8 天左右。

在辽宁熊岳地区 4 月末盛花，花期 8 天。8 月上旬果实成熟，果实发育期 95 天左右。营养生长期 200 天左右。

树势较强。萌芽率 83.0%，成枝力 14.0%。栽后 3 ~4 年开始结果，6 ~8 年进入盛果期，单株产量 50.0 千克，经济寿命 35 年。抗寒和抗旱力较强，与李砧、毛樱桃砧嫁接亲和良好。易遭蚜虫危害。

该品种既可鲜食，又可以加工罐头。可在辽宁中部以南等地区发展。

26 黑琥珀(Black Amber)的特点是什么？

原产美国。为黑宝石(Friar) ×玫瑰皇后(Queen Rose)杂交育成。1985 年澳大利亚引入。现分布于辽宁、山东、河北、北京等地，西北及南方一些地区也已引种试栽。

果实扁圆形，平均单果重 101.6 克，最大单果重 158.0 克；果顶稍凹，缝合线浅、不明显，片肉对称；果皮底色黄绿，着紫黑色，皮中厚，果点大，明显；果粉厚，白色；果肉淡黄，近皮部有红色，充分成熟时果肉为红色，肉质松软，纤维细且少，味酸甜，汁多，无香气；含可溶性固形物 12.4%，总糖 9.2%，可滴定酸 0.9%，糖酸比 11∶1。离核，汁少，可食率 98% ~99%。品质中上。常温下果实可贮放 20 天左右。

在辽宁熊岳地区 4 月下旬盛花，花期 5 ~8 天。果实于 8 月上旬成熟，果实发育期 95 天。营养生长期 180 天。

树势中庸，树姿直立。以短果枝和花束状果枝结果为主。该品种极易成花，定植第二年开花株率 100%，2 ~ 3 年生开始结果，4 年进入盛果期，亩产量超过 1000 千克，单株产量 20.0 千克。与中国李、毛樱桃、毛桃、榆叶梅嫁接亲和力好。异花授粉结实力高，可用玫瑰皇后作授粉树。

该品种采前落果轻，抗寒、抗旱能力较强，结果早，果实大，丰产，耐贮，鲜食品质好，也可加工制罐。但不抗蚜虫，易感染细菌性穿孔病。应选择较干旱地区发展，也可在温室栽培。

27 香蕉李的特点是什么？

原产辽宁。现分布于辽宁南部各地。

果实圆形，平均单果重 41.8 克，最大单果重 54.1 克；果顶凹；缝合线浅，片肉对称；果皮底色黄，着紫红色，果皮薄，易剥离；果粉厚，白色；果肉黄色，肉质中粗，韧，纤维多、细，汁多，味酸甜，有浓香；含可溶性固形物 10.3%，总糖 6.8%，可滴定酸 1.2%，维生素 C 4.29 毫克。粘核；可食率 95.9%。鲜食品质上。常温下果实可贮放 3 ~ 10 天。

在辽宁熊岳地区 4 月下旬盛花，花期 5 ~ 9 天。果实于 8 月上旬成熟，果实发育期约 105 天。营养生长期 200 天。

树势较强，树姿开张。定植 3 ~ 4 年生开始结果，5 ~ 7 年进入盛果期，13 年生树最高株产达 150.0 千克。与中国李、毛樱桃、毛桃嫁接亲和力好。自花结实率为 0，自然授粉结实率为 9.3%。

该品种栽培历史较久，是辽宁省的主栽品种之一，鲜食品质好，抗旱能力较强，抗寒力较差。果实外观美丽，丰产，对栽培技术要求不严格，可在等温线零下 10℃以南地区栽培。

28 槜李(又名醉李)的特点是什么?

槜李是我国的传统品种，至今已有2500年的历史。原产浙江桐乡，分布于浙江、江苏和安徽等地。

果实扁圆形，平均单果重45.0~48.0克，最大单果重95.0克。果顶平广微凹，缝合由果顶至梗洼渐加深，片肉不对称；果皮底色黄绿，着暗紫红色，密缀黄点，果粉薄，白色。果肉橙黄色，肉质致密，纤维粗而多，完熟后果肉柔软多汁，果汁极多，味甘甜，香气浓郁；可溶性固形物14.5%，总糖5.8%，总酸1.0%。粘核；核小。可食率97.2%。鲜食品质极上，在常温下果实可贮放6天左右。

在原产地果实7月上旬成熟，在辽宁熊岳地区4月下旬盛花，8月中旬果实成熟，果实发育期110天；营养生长期200天。

树势中庸，树冠开张。以花束状果枝结果为主。自花授粉不良。适宜的授粉品种为蜜李。

该品种要求栽培技术较高，是品质极佳的鲜食品种。适于在南方栽培。

29 龙园秋李的特点是什么?

龙园秋李是黑龙江省农业科学院园艺研究所1982年以九三杏梅×福摩萨李杂交育成。1997年通过黑龙江省农作物品种委员会审定，并命名。目前，除黑龙江省外，在吉林、辽宁、内蒙古、河北、新疆、北京等地开始大面积种植。

果实扁圆形，平均单果重76.2克，最大单果重110.0克；果顶平或微凹，缝合线浅、明显；果皮底色黄绿，着鲜红色；果粉中多，果点大而明显；果肉橙黄色，质致密，纤维少，多汁，味酸甜，微香；含可溶性固形物14.8%~16.0%，总糖5.2%，总酸1.0%，每100克果肉含维生素C 8.22毫克。半离核，核小。

可食率98.2%。品质上。在常温下果实可贮放15天左右，土窖可贮放至新年。

在辽宁熊岳地区4月中下旬盛花，8月下旬至9月初果实成熟，果实发育期115天左右。在哈尔滨5月上旬开花，果实于9月上旬成熟；营养生长期230天。

树势强壮。萌芽率86%，成枝力11.7%。以短果枝和花束状果枝结果为主，2年生开始结果，5年生即有相当的产量，4年生平均株产17.5千克，最高株产34.0千克。自花不结实，栽植时必须配置授粉品种，授粉品种以长李15号、绥棱红、跃进红和绥李3号等为好。采前不落果，不裂果，抗寒，抗红点病。

该品种抗寒性非常强，冬季可耐－40℃的低温；抗病性也较强；早果性强，极丰产；果实大，品质优，极晚熟，耐贮运，是我国北方地区少见的大果型李优系，适宜在全国各地栽培，但应避免在低洼地栽植。

30 理查德早生(Richard Early)的特点是什么?

原产美国，系欧洲李品种。1985年从美国引入。现保存于国家果树种质熊岳李杏圃中。现分布于山东、河北、辽宁、吉林等地区。

果实长圆形，平均单果重41.7克，最大53.0克；果顶凹，缝合线浅，片肉不对称；果皮底色绿，着蓝紫色，皮厚；果粉灰白色；果肉绿色，质硬脆，纤维多，味酸甜，汁多，微香；可溶性固形物14.5%，总糖7.0%，总酸0.8%。离核，核长椭圆形。可食率96.5%，品质中。常温下果实可贮放10天左右。果实极耐贮运。

在辽宁熊岳地区5月上旬盛花，花期6天，果实于8月下旬成熟，果实发育期约110天，营养生长期230天。

树势强，萌芽率72.0%，成枝力14.0%。3年生开始结果，

7～10 年生进入盛果期，单株产量 40.0 千克。以短果枝和花束状果枝结果为主。

该品种外形色泽独特，在美国多用来加工李脯。是欧洲李中抗寒性较强的晚熟优良品种。

31 黑宝石(Friar)的特点是什么?

黑宝石李商品名为“布郎李”。原产美国。系 Cariota ×Nubiana 杂交育成。1985 年从美国引入我国。现分布于辽宁、山东、河北、山西、陕西、甘肃、新疆、湖北、福建、浙江、广东等地。

果实扁圆形，平均单果重 72.2 克，最大单果重 127.0 克；疏果后平均单重果可达 140.0 克；纵径 4.9 厘米，横径 5.8 厘米，侧径 6.2 厘米；果顶圆，缝合线明显，片肉对称；梗洼宽、浅；果面紫黑色，无果点，果粉少；果肉乳白色，肉质细硬而脆，果汁多，味甜，可溶性固形物 11.5%，总糖 9.4%，总酸 0.8%，维生素 C5.62 毫克/100 克。品质上；离核，核小，椭圆形。果实，可食率 98.1%。常温下可存放 20～30 天，在 0～5℃条件下能贮藏 3 个月。属于罕见的耐贮运品种。

在辽宁熊岳地区，4 月下旬开花，花期 4 天，8 月下旬到 9 月上旬果实成熟，果实发育期约 135 天，11 月中下旬落叶，树体营养生长期约 220 天。

树势强，树姿直立。萌芽率 82.7%，成枝率 22.4 %。自然结实率 85.2%，自花结实率 0.8%。2 年生树开始结果，4～5 年生进入盛果期。3 年生树平均株产 6.6 千克，4 年生树每公顷产 27714 千克。适宜的授粉品种有黑琥珀、龙园秋李等。

该品种是美国的主栽品种，适应性好，果实大，结果早，丰产性强，耐贮运，较抗寒是优良的晚熟品种。可在辽宁中部以南的我国大部分地区栽培。其缺点是易感细菌性穿孔病，不宜在多雨地区和沿海地区栽培。

32 秋姬的特点是什么?

原产日本，1997 年 2 月从日本引进，高接在国家果树种质熊岳李杏资源圃，现分布于辽宁、河北、山东、北京等地。

果实扁圆形，平均单果重 127.5 克，最大果重 169.0 克，疏果后平均单重果可达 150.0 克；果实纵径 5.7 厘米，横径 6.3 厘米，侧径 6.1 厘米；果顶平，稍凸，缝合线明显，片肉对称；梗洼深、圆形；果皮底色橙黄色，着鲜红色，果面有光泽，果点密，黄色，果粉少，白色；果肉橙黄色，肉质致密、硬脆，果汁多，味甜，具有香味。可溶性固形物 14.3%，总糖 10.3%，总酸 1.1%，维生素 C5.89 毫克/100 克。品质上；离核，核极小，椭圆形。果实可食率 98.5%。鲜食品质上等。果实硬度大，常温下可存放 20～30 天，冷藏可贮至元旦以后，且贮藏后色泽更艳，香味更浓。

在辽宁熊岳地区，4 月下旬盛花，花期 4 天，9 月中下旬果实成熟，果实发育期约 150 天。11 月中下旬落叶，树体营养生长期约 220 天。该品种属短低温品种，在日光温室 1 月中下旬开花，6 月末果实成熟。

该品种树势强旺，树姿直立，随着结果逐渐开张。萌芽率 90.1%，成枝率 29.4%。自然结实率 84.6%。高接第二年露地开始结果，单株产量达 2 千克，第四年达到盛果期，平均株产 14.3 千克，最高株产达 19.8 千克。成龄树花束状果枝、短果枝和中长果枝均可结果，但以花束状果枝和短果枝结果为主。自花结实率较低，需配授粉树，适宜授粉品种有黑宝石、龙园秋李等。

该品种为大果型极晚熟鲜食品种，色泽艳丽，品质优良，较耐贮运，抗细菌性穿孔病能力较强。可在辽宁南部、华北和江南地区栽培。选抗寒砧木（如毛樱桃砧木）或抗寒李树高接，可扩大栽培区域。

33 安哥诺(Angeleno)的特点是什么?

是美国加利福尼亚州十大李子主栽品种之一，亲本不详。1994年引入我国，现主要分布于河北、山东、辽宁、北京等地。

果实扁圆形。平均单果重102.0克，最大单果重178.0克，果顶平，缝合线浅且不明显。梗洼浅广。果实开始为绿色，后变为黑红色，完全成熟后为紫黑色。采收时果实硬度大，果面光滑而有光泽，果粉少，果点极小、不明显，果皮厚。果肉淡黄色，近核处果肉微红色，不溶质，清脆爽口，质地致密、细腻，经后熟后，汁液丰富，味甜，香味较浓，品质极上。果核极小，离核。可溶性固形物含量为15.2%，总糖13.1%，总酸0.7%。鲜食品质上，果实耐贮存，常温下可贮存至元旦，冷库可贮存至翌年4月底。

在辽宁熊岳地区，4月下旬盛花，果实9月下旬~10月上旬成熟，果实发育期160~170天，营养生长期220~230天。

该品种为大果型极晚熟品种，特别耐贮。幼树生长快，树势稳健，易抽生副梢，结合夏季修剪，当年可形成稳定的树体结构。萌芽率高，成枝力中等，进入结果期后树势中庸。以短果枝和花束状果枝结果为主，幼树3年结果，丰产性好，3年生树平均株产8.5千克。需配置授粉树，适宜的授粉品种为凯尔斯、黑宝石、索瑞斯。该品种无论在山地还是在平原均表现生长良好，具有较强的耐旱力。可在华北和西北地区发展，在无霜期少于200天的地区不宜栽培。

4

李苗木培育技术

李苗木培育，是生产无公害李的第一步，苗木优劣直接影响无公害李的生产。本章系统地回答了李苗木培育各个环节中的问题：砧木选择、种子采集、种子处理；播种、田间管理；接穗选择、采集、嫁接、嫁接苗管理、出圃。本章还详细介绍李苗木培育中每个环节的具体操作步骤及必须掌握的关键要领，可以具体指导果农进行生产无公害李的苗木培育。

34 李苗圃地如何选择？

地势 李苗圃地宜选在开阔，平坦，排水灌溉方便的地方。易积水低洼地、不通风透光、易积聚冷空气的风口都不宜选作圃地。选作苗圃的山地，坡度不宜超过5度。

土壤 李苗圃地宜选在土层深厚，富含有机质的沙壤质土壤。质地黏重的土壤，通透性差，易板结，影响苗木根系发育。贫瘠土壤也不宜做苗圃 。

地下水位不宜过高 雨季也不得超过1.5米。

特别提示

苗圃地要选在地势平坦处，要求土壤肥沃，地下水位不宜过高。

35 李苗圃地如何整地?

深翻熟化 苗圃选定后，首先深翻熟化，改善土壤通透性，促进微生物活动，提高保水保肥能力。以秋翻为宜，结合施底肥。

复耕耙地，播种前要复耕 如土壤干旱，应先灌水，灌水3~5天后再复耕耙地。

特别提示

要深翻熟化，复耕耙地。

36 李育苗砧木的选择条件是什么?

嫁接育苗的流程路线：

砧木选择——砧木种子采集——砧木种子处理——播种——田间管理——接穗选择——接穗采集——嫁接——嫁接苗管理——出圃

可见，砧木的培育是整个嫁接育苗工作的开始。好的砧木不仅提供给嫁接品种良好的生长条件，还直接影响该品种的生长寿命、果实品质。因此，砧木的选择很重要，要做到适砧适用，避免因为砧木的不适应造成生产上的损失。一个优良的砧木应具备以下条件：

适应性强 能适应当地的环境和气候条件，如抗旱、抗寒的砧木类型适宜在我国北方干旱、寒冷地区；耐热、抗湿的砧木类型适宜在南方炎热、多雨地区。

嫁接亲和力好 良好的嫁接亲和力是接穗成活的先决条件，所以砧木必须与接穗品种有良好的嫁接亲和力。

对接穗品种的生长和结果没有不良影响，而是优化了品种特性 如固地性强、根深叶茂、矮化作用、早期进入结实等。

当地的病虫害有很强的抵抗力。

特别提示

砧木要选择适应性强，亲和力好，抗性强的。

37 供李育苗的砧木有哪些？

李的砧木很多，如毛桃、西伯利亚杏、小黄李、山桃、中国李、毛樱桃和榆叶梅等都是李的良好砧木。这些砧木一般都有比较强的抗旱、耐寒能力，并同李有较好的嫁接亲和力。

毛桃 适应性较广，在我国的长江以南和西北干旱地区以及河南、河北、山东等地区均用毛桃作砧木。种核大，200～240粒/千克。毛桃根系发达，生长旺盛，与李树嫁接亲和力强，接后生长快，结果早，果实品质好，但寿命较短，耐盐碱性和耐湿性较强，但易患根头癌肿病。

西伯利亚杏 嫁接亲和力好，耐旱，但与欧洲李亲和力差而且进入结果期晚，树体高大，不宜作为矮化密植园的砧木，在东北地区应用较广泛。

小黄李 小黄李属中国李的半野生类型，主要分布在黑龙江、吉林、辽宁省的长白山脉和松花江流域。种核小而整齐，卵圆形，1400～1600粒/千克。经过层积的种子，播种后半月左右可以出苗。与栽培品种嫁接亲和力强，树冠较大，树体寿命长。抗寒力强，能耐－40℃的低温，抗涝性强，在地表20～100厘米深的土壤中，田间持水量为105%～133%的情况下，持续70天，仍能正常生长，是我国北方低洼地区栽培李树最理想的砧木。缺点是抗旱力较弱，对种子层积的技术要求较为严格。

山桃 原产于山西、河北、甘肃等省种核比毛桃小，粒重为400～500粒/千克。生长势强，与中国李嫁接亲和力好，结果早，丰产，抗旱，抗碱性强，但不耐涝，寿命短，与欧洲李亲和力差。

中国李 与品种嫁接亲和力好，结果早、丰产、寿命长、抗寒、耐湿，但易萌生根蘖，适合作为南方品种的砧木，普遍应用在南方李栽培区。

毛樱桃 种核小而整齐，10000～12000粒/千克。种子播种后出苗率高，与嫁接品种亲和力好、结果早、抗寒性较强、矮化，但树体发育缓慢、易衰老、抗旱抗涝均差，有“小脚”现象，树体寿命较短。

榆叶梅 在全国各地均有栽培。种核较小，3600粒/千克左右。同李树嫁接亲和力好、抗寒、抗旱、耐盐碱性强，但有“小脚”现象，不耐涝。

目前，在生产中砧木类型使用得最多、最普遍的是毛桃、小黄李和毛樱桃。

38 如何采集砧木种子

种子的好坏是培育优良、健壮苗木的重要环节。不良的种子，生活力弱，发芽率低，幼苗容易枯萎，甚至死亡；若种子良莠不齐，则很难掌握播种量，出土后缺苗断垄，给育苗工作带来很多不便。因此，要采集良种、培育壮苗，必须做好以下几项工作：

选择优良母树 种子的遗传性状与母树优劣有密切的关系，因此，采种时，应选择对环境条件适应性强、生长健壮、无病虫害的母树。

采集时间 育苗用的种子，应当充分成熟。环境条件对种子的成熟有一定的影响，一般是气温越高、成熟越早；同一纬度条件下，种子也有差异，一般平原早、山区晚，阳坡早、阴坡晚。通常应选择表面鲜亮，核壳坚硬，种仁饱满的种子作育苗用，而种核发污、种仁发黄的种子出苗率低，不宜作育苗用。

采集方法 砧木果实要在无风的晴天采收。采收的果实一般多采用堆积软化法。剥除果肉，即果实采收后，放入缸内或堆积起来，使果肉软化。堆积期间要经常翻动，切忌发酵过度，温度过高，影响种子发芽率。果肉软化后取出，用清水冲洗干净，铺在背阴通风处晾干，不要在阳光下暴晒。

特别提示

要求母树优良，采集时间适宜，采集方法要正确。

39 砧木种子如何处理?

精选 晾干的种子中常混有空粒、土块、石块等杂物，在贮藏前应清除杂物，精选种子，以提高种子的纯度和质量。经过精选的种子要标明品种名称，严防混杂，并妥善贮藏，以保持种子的生活力。

储藏 种子宜在干燥、阴凉、通风的条件下贮藏。贮藏过程中，要经常注意贮藏场所的温度、湿度和通风状况，发现种子发热霉烂要及时处理，还要防鼠、防虫。

层积处理 准备春季播种的种子，应于冬季进行层积处理，以保证出苗。层积的方法是在背阴干燥处，挖 50 ~ 60 厘米深的坑，长宽视种子数量而定，将种子用清水浸泡 2 ~ 3 天，用湿河沙(以手捏成团，但无水滴为度)拌好，种子和沙的比例为 1∶3，先在坑底铺 5 ~ 10 厘米湿沙，再将拌好的种子铺撒进去，一直铺到离坑口 10 厘米处，上面用湿沙填平，最后用土培成高出地面 10 ~

15厘米的土堆，以防积水。如种子量大时，可以隔一定距离放一个草把，以便通气和散热，层积坑要注意防鼠，可以在四周布下细孔的铁丝网或投放鼠药。层积的时间同砧木种类的不同而不同。在0～5℃条件，李核需要层积40～70天，桃核要60～90天。层积过程中要进行1～2次检查，及时将霉烂的种子挑出，并添加一些干沙，降低湿度，当有大部分种核裂开时，即可取出播种。

特别提示

要精选种子，进行妥善贮藏，进行层积处理，时间：在0～5℃条件，李核需要层积40～70天，桃核要60～90天。

40 李播种要掌握哪些关键环节?

整地 苗圃地要在深翻施足基肥的基础上，播前整地，通常作平、畦播种即可，低洼易涝地区可用高畦或高垄育苗。

浇足底水 播种在春天土解冻后进行，为保证出苗顺利，应在播种前浇足底水，然后作垄点播，行距5～8厘米，播种深度3～5厘米，视土壤种类和土壤湿度而定，沙土宜深些，黏土可浅些，播后覆土踏实，并将地表耙松，以利保墒，在出苗前不宜浇水，以免降低土温，延迟出苗。土壤太湿也容易招致立枯病的发生，一般15～20天即可出苗。

如果层积或催芽的种子出芽过长，不宜采用点播的方法，以免折伤胚根，影响出苗。可以采用"抹芽"的方法补救。即在做好的垄上开深3～5厘米的小沟，浇少许水待水渗下后立即将已发长芽的种子，胚根向下插入泥中，上面覆2～3厘米厚细土，"抹芽"的方法虽然比较费工，但出苗快且整齐。

薄膜覆盖，保温保墒 播种后可以使用塑料薄膜覆盖，保温保墒，可促进早出苗5～7天，有利于实现当年出圃，快速育苗。

特别提示

精细整地，浇足底水，薄膜覆盖，保温保墒。

41 砧木苗如何管理？

撤除覆盖物 春播覆盖地膜的，在幼苗出土后要及时撕破地膜，让幼苗露于膜外，防止幼苗弯曲、黄化或干枯。加扣小棚膜的要先通风炼苗，待幼苗适应外界环境后，可在阴天或傍晚撤除棚膜。

间苗与定苗 直播种子出土以后，一般在幼苗长出 2~3 片真叶时(细苗 4~5 片真叶时)，进行第一次间苗，疏去密、弱小和受病虫危害的幼苗，并及时在缺苗的地方进行移植补苗。苗床集中育苗的，在幼苗长出 1~2 片真叶时即可定植于圃地。定苗时，按 10~20 厘米株距定苗。尽量做到早间苗，晚定苗，及时进行移植补苗，使苗木分布均匀，生长良好。间苗应在雨后或灌水后，结合中耕除草分 2~3 次进行。土壤孔隙度大的间苗后应进行弥缝，浇水，以保护幼苗根系，以免幼根裸露，漏风死苗。定苗时的保留株数应稍大于产苗量。当幼苗受到某种灾害时，定苗时间要适当推迟。

浇水与排水 浇水是培育壮苗的重要措施，干旱少雨地区能否及时浇水，往往是育苗成败的关键。因此，凡有条件的地方，都要根据不同砧木不同生长阶段对水分、气候和土壤状况的要求合理浇水。播种前应灌足底水，出苗前尽量不要浇水，以防土壤板结和降低地温，影响种子发芽出土。幼苗初期，床播应用喷壶少量洒水，幼苗 5~7 片真叶时，要控制灌水，进行蹲苗。直播要少浇水，出真叶前，切忌漫灌，只要保持稳定的湿度就行。旺盛生长期形成大量叶片需水量较大；秋季营养物质积累期，需水量较小。生长后期要控制浇水，以防贪青徒长，不利于越冬。

排水是在进入雨季后，防涝的一项措施，也是苗圃管理中一项不可忽视的工作。如果砧木苗较长时间处于积水的状态，往往会发生根系腐烂和病变，甚至造成死亡。

中耕除草 中耕能提高地温，疏松土壤，减少蒸发，有利于幼苗的生长，雨后或灌水后及时中耕，可以改变土壤理化性状，防止土壤板结和杂草丛生，中耕深度3～5厘米，一般4～6次，杂草多的地方，应多锄几次，前期宜浅，后期可适当加深。经常中耕除草，可以使苗木生长健壮。操作时要小心、细致，不要伤苗。

追肥 追肥，前期可施用氮肥，每次每亩施尿素5～10千克，后期应施用复合肥，每次每亩8～10千克，以加速苗木生长和木质化进程。追肥不可过晚，至迟不能超过8月下旬，否则砧木贪青徒长，推迟休眠期，容易受到冻害。施肥时可在苗木行间开沟，然后覆土浇水，再浅锄一次。也可把化肥均匀地撒在畦面上，随后浇水，再进行除草。另外，大雨后土壤中的氮素流失较多，应及时追施速效氮肥。苗圃追肥要分2～3次进行。

摘心、抹芽与副梢处理 摘心能促使幼苗加粗生长和提前嫁接。摘心一般在夏季，在芽接前一个月，苗高达30～40厘米，而植株旺盛生长还没有结束时进行。摘心过早，常刺激植株下部大量萌发副梢，影响嫁接，过晚又会失去作用。李砧很少有副梢，所以要及时摘心，促使砧木在嫁接前达到嫁接粗度。砧木苗抹芽是指及早抹除苗干基部5～10厘米以内萌发的幼芽。嫁接部位以上的副梢应全部保留，以增加叶面积，促进苗木加粗生长，副梢过多过密时，可以少量间除，但要保留基部功能叶。采取摘心、抹芽和副梢处理的措施，能提高当年砧木的嫁接率和苗木质量。

病虫害防治 砧木苗受到病虫危害，会影响砧木苗生长，降低砧木苗质量，严重的还会引起缺苗断垄，甚至成片死亡，使育苗失败，因此在育苗过程中，加强对病虫害的防治，保证苗木正常生长是十分重要的。在春季，幼苗容易发生立枯病和猝倒病，尤其是在低温高湿的情况下，会造成大量的死苗，因此在幼苗出土后，应在地面撒粉或喷雾进行土壤消毒，施药后进行浅锄。

特别提示

适当间苗定苗，肥水适宜，各项田间管理，病虫防治到位。

42 李芽接应掌握哪些重要环节?

嫁接时期要适宜 李树的嫁接时期比较长，当砧木苗达到嫁接粗度(离地面10~15厘米处直径达到0.5~0.6厘米)时，春季可进行带木质部芽接和枝接，其他时期，只要砧木和接穗的形成层处于活跃状态，随时都可以进行芽接。但以6月中旬芽接最好，此时芽接，可立即剪砧(离接芽10厘米处)，7~8天后即可发芽，成活率高，当年即可成苗，苗高可达120厘米。如芽接过晚，则成活率下降。秋季进行的芽接，当年不进行剪砧，留到第二年的春季萌芽时进行。芽接应选择晴天进行，这样容易成活。

接穗要健壮，芽要饱满 芽接用的接穗，应选择品种纯正、生长健壮的当年生枝条。芽子要饱满，尽量不使用徒长枝或细弱枝作接穗，否则会影响接穗生长并延迟结果。芽接用的接穗最好是随接随采，剪下枝条，去除叶片，保留叶柄，用湿布包好。用不完的接穗应用湿布包好，置于冷凉处，也可用湿沙埋住。如果是远途运输，应该用湿布包好，再用塑料布包严，以免干枯，但包装物内水分也不可过多，否则会沤芽，降低成活率。木质芽接可以使用前冬贮藏的接穗进行嫁接。

嫁接方法要正确 常用的芽接方法有带木质芽接和丁字形芽接。

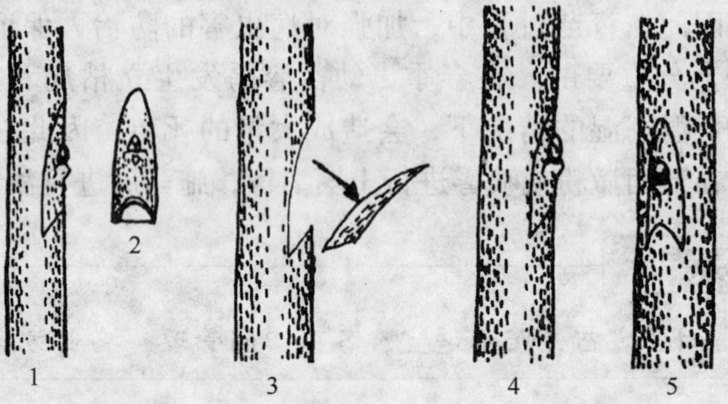

图1　带木质芽接方法(嵌芽接)

1. 取芽　2. 芽片正面　3. 砧木切口　4、5. 装上芽片

1)带木质芽接(嵌芽接)：见图1。

在早春，接穗和砧木不易离皮时，可用带木质芽接法。此法的削芽方法是倒拿接穗(芽尖向下)，在芽的上方3～5毫米处向斜下方削一刀，刀深度达芽下1～2毫米，长度超过芽体1厘米左右为度，再在芽的下方斜着削一刀，加深至第一刀的削面，即可取下一个带有薄层木质的芽片，然后在砧木阴面离地面10～15厘米处斜向削一刀，削面与芽片削面等长，在刀口的1/2处横切一刀，切下一小段砧皮，最后将削好的芽片插入留下的半截砧皮下面，使上部边缘与砧木切口对齐吻合。

接后15～20天检查成活率，用手拨动叶柄，如一触即落，则表明接芽已经成活，如触之不落，且芽体变黑，表明没有接活，应进行补接。对接活的芽应在1个月后解绑，以免影响芽的发育。但不可过早，过早解绑会使砧皮翻起，影响成活。秋天芽接的，当年可不必解绑。留待翌春进行，有利于芽的越冬。

2)丁字形芽接：见图2。

进入6月份，接穗和砧木都容易离皮并达到嫁接粗度时，可使用丁字形芽接。方法是：先在接穗的饱满芽上方4～5毫米处横切一刀，深达木质部即可，再于芽的下方1厘米处斜切一刀，深入木质部达1/3处，刀口长度以超过横刀口为度，用拇指侧向轻轻推芽，即可取下成盾状的完整芽片，切忌用刀过猛或直推芽片，以免损伤芽轴，影响成活率。然后，在砧木的阴面距地面5～10厘米处选择光滑部位用芽接刀切开1厘米长的横口，然后在横口中央向下切2厘米长的竖口，使之成"丁"字形，再用刀尖轻轻剥开两边的皮层，将削好的芽片插入砧木的接口内，使芽片上端与砧木横切口对齐吻合，最后用塑料布条将嫁接部位绑紧，外面只露叶柄。此法嫁接速度快、效率高。

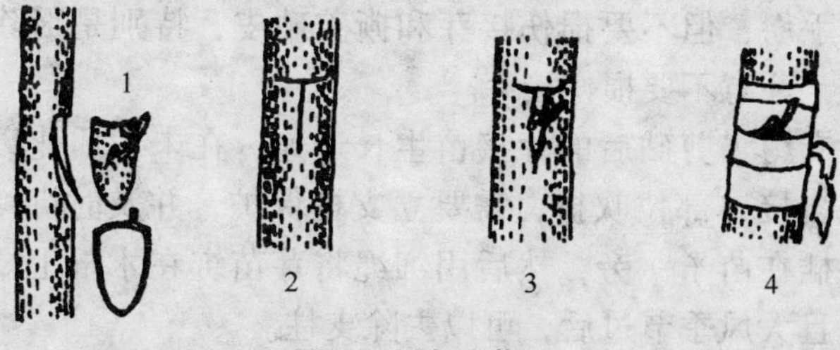

图2　丁字形芽接

1. 取芽片　2. 切砧木　3. 装芽片　4. 绑缚

特别提示

芽宜饱满，正确选择芽接方法，时间应适宜。

43 嫁接苗如何管理?

及时检查成活情况、解除绑缚　芽接一般在接后半个月检查成活情况。如果嫁接时间早，有充分的时间进行补接，那么检查成活和解绑可往后推迟，一般来说，适当的推迟解绑成活率高，但不能过晚，过晚会影响其加粗生长。枝接检查成活情况一般在一个月左右，过早愈合不牢，过晚影响生长。

适时剪砧　春季应对前年秋季芽接成活的苗子进行剪砧，剪砧可以促进接芽的萌发。剪砧时刀刃应该在接芽一侧，从接芽以上0.5～1厘米处下剪，向接芽背面微下斜剪断成马蹄形，这样有利于剪口愈合和接芽萌发生长。留桩不可太长，太长会使芽苗弯曲，不利苗木生长，降低苗木质量；但也不可太短，太短会伤害接芽，尤其是在春天风大、干燥的地区应适当留长些。同时注意不要伤芽，破皮，以免造成死亡。

及时除萌 除萌就是除掉接芽下部砧木上萌发出的许多蘖芽，及时除萌，可以保证接芽的萌发和生长，防止养分分散。接芽也可能长出几个条子，应选择一个位置好的壮条留下，其余去除。除蘖可用手掰，但不要损伤接芽和撕破砧皮，特别是掰除接芽以上萌蘖时，注意不要损伤接芽。

及时支缚 剪砧后的芽接苗生长迅速，在未木质化以前，很容易被风自接口部位吹折，需要立支柱保护，并及时绑缚。一般用小木棍插在苗子一旁，然后用细绳将芽苗绑在木棍上。到新梢木质化并且大风季节过后，可以去除支柱。

加强肥水管理 枝接苗在接芽出土前不浇水，待接芽出土后及时浇水，以保证嫁接苗迅速生长，春季剪砧后的芽接苗，当接芽萌发后，也应及时浇水。当年剪砧，当年成苗的，应当在芽长出后结合浇水追施氮肥，每亩可施尿素20千克，促进早期生长。不论是芽接苗还是枝接苗，在生长后期不宜施用过多氮肥。秋季要控制浇水，以免苗子徒长，影响枝条的成熟。

注意防寒保护 半成苗（芽接成活但没有萌发的嫁接苗）在冬季寒冷风大地区，容易受到冻害，应在土壤结冻前培土进行保护。一般培土应高出10～15厘米，土壤含水分多时，培土后不要踏实。第二年春季发芽前要将培土除去，但土壤黏重降水又多的地区，为防止接芽窒息死亡，不宜培土，有条件的地区，可用高粱秆、玉米秸或芦苇设防寒障，可以减低风速，增加积雪，起到防寒的作用。

做好病虫害防治 接芽萌发形成的新梢很容易遭受金龟子、卷叶虫、红蜘蛛、蚜虫和毛虫的危害，并且李苗易患穿孔病。当幼苗受到这些病虫危害时，轻则影响生长，降低其质量，重则引起缺苗断垄，甚至成片死亡。因此，必须加强对病虫害的防治，保证幼苗正常生长。防治方法见病虫害防治方法。

特别提示

及时解缚、剪砧、除萌，加强管理，注意防寒，做好病虫害防治。

44 李枝接要掌握哪些重要环节?

嫁接时期要适宜 枝接一般在春分至清明节，李树开始萌动而尚未发芽之前进行。

选择充实、处理好的接穗 枝接用的接穗都是一年生枝条，可以使用前冬贮藏的接穗，一般是结合冬剪将充实的一年生发育枝或中长果枝剪下，截成30厘米左右扎捆好，置于冷凉的地窖或挖沟用湿沙埋好，保持温度在0～5℃，随时检查，勿使干燥，以保持芽子在嫁接前不萌发为度。一旦接穗芽子萌发，嫁接成活率会显著下降。贮藏的接穗在使用前宜插在水盆中稍稍吸水，叫做“催醒”，如此可以提高成活率。但最好是随用随采。

枝接前将接穗“沾蜡”，可以免去埋土的步骤，既提高工作效率，又提高成活率。沾蜡的方法是：先将石蜡熔化，当温度达到90～95℃时，将接穗迅速插入石蜡中，立即取出，这样接穗表面就布满一层薄薄的蜡膜，蜡膜可以防止水分蒸发，保证接穗在萌芽前不会干枯。沾蜡时注意蜡的温度不可过高，否则会烫坏芽子，但也不可太低，太低会使蜡膜增厚，嫁接过程中容易脱落，影响成活。浸沾的动作要快，不可在蜡中停留，以免烫伤芽子，在沾

蜡 前应将接穗用清水冲洗一遍，除去尘土，然后摊开晾干，再行沾蜡，否则接穗上有尘土或有水，都会影响蜡膜的附着力。

嫁接方法要正确 常用的枝接法有劈接、腹接和舌接。

1)劈接，见图3。将砧木自地面5~6厘米处剪断，从断面中央劈开一切口，深2~3厘米，然后将接穗剪成带有2~3个芽的小段，取一小段在距基部2~3厘米处两侧斜向各削一刀，使之内薄外厚，上宽下窄的楔子形，最后将削好的接穗插入砧木的切口中，使接穗的楔子面皮部与砧木的皮部对齐。如果砧木较粗，或为2年生砧木，则接穗应插得靠里些，务必使两者的形成层对齐、密接。接穗不宜将削面完全插进砧木中，应留2~3毫米在外边，叫做露白，也有的地方叫“拥口”，留下露白部分会使愈合良好、牢固。插好接穗后用塑料布绑扎，再用湿土埋至离接穗顶部3~5厘米，为了更好地保持湿度，可在土堆上盖一小块塑料薄膜，周围用土压好，等接穗新芽露出土面时，揭去薄膜。在风沙较大、春季干旱的地区，此法可显著提高嫁接的成活率。

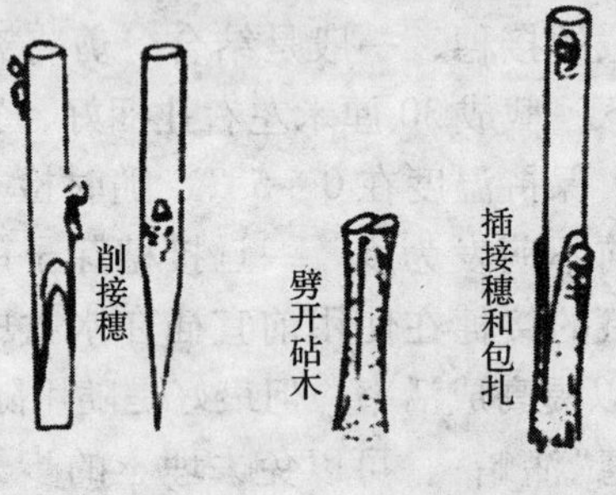

图3 劈 接

2)腹接，见图4。在砧木离地面5~6厘米处斜切一切口，深达砧木粗度的1/3，切口长2~3厘米将接穗小段顶芽一侧的茎部斜向削一削面，在此削面的背后在削一较小的削面，使接穗下部呈一边薄一边厚，一边长一边短的楔子形，然后一手轻轻推开砧木，使切口张开，将接穗插入，使长削面紧贴砧木木质，两者皮部对齐吻合。最后自接口部上方 1 ~2 厘米处剪断砧木，用塑料布条紧绑接口，用湿土埋严。

图4 腹 接

3）舌接。将砧木在适宜部位削成长 1.5 厘米光滑平整的单斜面，然后在接穗上用同样方法削一斜面，在各斜面前 1/3 处纵切长 1 厘米的切口，砧穗对应插在一起形成层对齐吻合，绑缚。

特别提示

要注意接穗饱满，方法正确，时间适宜。

45 扦插育苗要掌握哪些重要环节?

用李树的枝条扦插繁殖，南方已有很长的历史了。扦插繁殖根据采用的枝条的成熟度不同，可以分为硬枝扦插和绿枝扦插两种。硬枝扦插是采用已经木质化的枝条进行扦插；绿枝扦插是采用未充分木质化的新梢扦插。

硬枝扦插

①建造好扦插床：硬枝扦插的扦插床应选择在平坦、背风、

温暖的地块，有条件的可以设在温室内或自设温床(带有加热设备)，自设温床地底层铺5厘米锯末，再铺5厘米细沙，铺加热线，再铺5~10厘米细沙。一般扦插床可以把地整平，铺20厘米厚的细沙即可。注意，扦插用的细沙一定要消毒灭菌，可以用0.5%的高锰酸钾淋洗。

②处理好插条：采集品种纯正、无病虫害的一年生枝条，截成10~15厘米长，30~50根匝成一束备用，扦插前用300毫克/千克萘乙酸浸泡1小时或用2000毫克/千克的萘乙酸速蘸，然后以10厘米×12厘米的株行距插入扦插床(要浇透水)，然后喷水让插条与沙结合紧密。

③插后管理：扦插后，要用塑料薄膜覆盖，防止水分蒸发。定期补充水分，保证相对湿度在80%~90%。待根长到1~2厘米长时即可移栽。

特别提示

建好插床，处理好插条。扦插后，要用塑料薄膜覆盖。

绿枝扦插

①建立好扦插棚：最好建在房屋或高大建筑物的北侧，以利于遮荫，或用草帘、苇帘等材料，搭设专门的遮荫棚遮荫。同时要求棚外通风、排水良好、地势平坦、水源方便。扦插棚就是建在扦插床上的拱形棚，所用材料主要有塑料膜、竹片等，其高低、大小可以根据育苗需要而定，一般1米^{2}可利用的苗床能够育苗400株左右。扦插床用蛭石或河沙平铺20厘米厚做成。先把床面铺平，然后一次性浇透水，经3~5天再用50%的多菌灵或58%的代森锰锌500倍液，喷洒床面进行灭菌消毒，直至床面湿润为止。

②采集好的插条：当李树母枝上新梢长到20~30厘米以上

时，即可采集嫩枝进行扦插。插条要品种纯正，无病虫害，半木质化。插条长度10～20厘米为宜，上部保留2～3个叶片。然后按每10～100根捆成1束，将成束插条的基部约2厘米浸入250毫克/千克的萘乙酸溶液中1小时或采取1000毫克/千克萘乙酸溶液速蘸法（即边蘸边插）。

③扦插及插后管理：经药剂处理的插条，应立即插入扦插床上。扦插前，先用小木棍或玻璃棒在扦插床上打孔，然后再把插条插入孔内。扦插深度控制在5～8厘米，插后立即浇水，使插穗与插床密接，并及时扣棚保湿。

扦插后，要加强对扦插棚的管理，采用棚内通风，喷洒凉水、遮荫等措施，使棚内床温控制在20～30℃，空气相对湿度在90%以上，约30～40天后，当有10条左右插穗长有5厘米以上的根时，就可向地里移栽。移栽前需控水，揭去遮荫物等炼苗4～5天，而后方可进行移栽。整个育苗过程中，要注意调好棚内的温度，特别是中午的高温期，最好的方法是喷凉水，但在保证温度和空气相对湿度适宜的前提下，尽量减少扦插的含水量，否则插条会因通气不良而腐烂。此外，棚内要避免直射光的照射，但需要有充足的散射光。另外，苗床灭菌消毒要彻底。

特别提示

建好插床，做好插后管理。棚内床温控制在20～30℃，空气相对湿度在90%以上。

46 如何进行组织培养育苗？

组织培养育苗的优点 组织培养技术在园艺植物繁育上应用十分广泛，它具有用材少，速度快，不受气候、季节、基质等自然条件的影响，比传统的常规繁殖方法快等优点。许多科研工作者经过不断的研究在李树组织培养上取得了一些宝贵的经验。

具体做法 以大石早生李为例，其无病毒苗的繁育过程如下：将一年生苗栽于大花盆中，待苗萌芽后移入热处理培养室中，进行预处理，保持25℃恒温，70%以上相对湿度和3000lx光照强度，处理3天。而后升温到38～40℃，持续恒温，相对湿度和光照强度不变，经热处理3周后，取新枝的茎尖，接种于MS附加BA0.5毫克/升，IBA0.1毫克/升的培养基上培养。然后将其置于气温为25℃左右，光照强度为2000lx的培养室中培养分化苗。当分化苗长至1.5厘米以上时，可转入1/2MS附加IBA1.5毫克/升的生根培养基上进行生根培养，同样置培养室中培养生根苗。当生根苗根长达3厘米以上可取出进行温室移栽。

及时进行病毒检测 移栽成活苗长至30厘米以上并半木质化以后则可采用重双芽接法进行病毒检测。对在检测中无症状反应的植株再重复检测一次，仍无症状表现，可确定为无病毒原种母树。采集无病毒原种母树上的接芽，嫁接于实生砧或经脱病毒的营养原砧木上繁育无病毒李杏生产用苗。

特别提示

严格遵守操作规程，及时进行病毒检测，对在检测中无症状反应的植株再重复检测一次，仍无症状表现，可确定为无病毒原种母树。

47 李苗出圃要做哪些工作?

苗木出圃是李育苗工作中的最后一个环节，出圃工作的好坏与苗木的质量和栽植成活率有直接的关系，秋末冬初对圃内的苗木进行调查，核对苗木的品种，数量，准备包装了材料和运输工具，确定临时假植和越冬的场所，做好出圃的准备。

起苗 未剪砧的半成苗(芽苗)或当年剪砧、当年成苗的嫁接苗在当年秋季落叶后或第2年春季萌芽前起苗出圃。而成苗(二年生苗)则要在第2年秋季或第3年春季苗出圃。自育自栽的苗木，随栽随起苗，有利于成活。远销外地的以秋季起苗为宜，以免因运输不利影响栽植。起苗前，如果土壤干旱，可提前灌水一次，这样不仅省工省力，而且不易伤根。起苗可用刃口锋利的镢头、铁锨或起苗犁等工具，用镢头或铁锨起苗时，应先在苗行的外侧开一条沟，然后按次序顺行起苗，起苗深度一般是25~30厘米。起苗时，不要选择在大风天气，以防苗木失水过多，影响栽植成活率。起苗应注意保护接芽(半成苗)或接口部，以免擦伤接芽或自接口处劈裂；尽量少伤根，保留较多的须根，以利于栽植成活。

分级与修整 起苗后，立即移至背阴无风的地方，按照苗木出圃规格进行选苗分级，残次苗，砧木苗要分别存放，分别处理。优质苗木应具备良好的根系，具有较完整的主侧根和较多的须根，枝条健壮，发育充实，达到一定的高度和粗度，整形带内具有足够的饱满芽，无严重的病虫害和机械损伤。一般应当有主根4~6条，侧根长度不短于15厘米，苗高不低于1米，苗径(接口以上10厘米处)不小于0.8厘米。

分级的同时进行修整，主要是剪掉有病虫或受伤的枝梢、不充实的秋梢和带有病虫、过长、畸形的根系。剪口要平滑，以利早期愈合。为便于包装，运输，亦可对过长、过多的枝梢进行适当修剪，但剪除部分不宜过多，以免影响苗木质量和栽植成活率。

检疫与消毒 植物检疫是防止病虫害传播的一项重要措施。因此，苗木出圃时要严格检验。发现带有检疫对象的苗木，不论是调运中的，还是已经栽植的都应立即集中烧毁。其他病虫害也应严加控制。苗木出圃后，需经过国家检疫机关或接收委托的专业人员严格检验并签发证明，才能调运。

苗木消毒杀菌，常用3~5度石灰硫磺合剂喷洒或浸苗10~20分钟。然后用清水冲洗根部。已知带有某种害虫的，亦可选用相应的杀虫剂杀虫。

包装运输与贮藏 苗木消毒后，就近秋植的，可随即定植于果园，来年春季就近栽植的，要尽快假植贮藏，外地苗，要及时包装调运。

苗木假植应选择背风、平坦、排水良好、土质疏松的地块。北方地区挖沟，沟宽 1 米，沟深以苗木高矮而定，沟长以苗木多少而定。假植时，将分级，挂牌的苗木向南倾斜置于沟中，分层排列，苗木间填入疏松湿土，使土壤与根系密接，最后覆土厚度可超过苗高的 1/2 ~2/3，并高出地面 15 ~20 厘米，以利排水。北部寒冷地区覆土宜厚些，严冬还可以盖草，使沟内温度保持在 0 ~7℃，相对湿度保持在 10% ~20%。翌年早春应及时检查，土壤干燥时要适当浇水。利用菜窖贮藏苗木时，根部覆盖沙土即可。

要远途运输的苗木，起苗后应将苗木捆扎紧，一般根部、中部和梢部各扎两匝即可，然后将根部蘸上泥浆，用包装材料包裹。包装材料可以就地取材，一般以廉价、轻质、坚韧保湿者为宜，如草袋、蒲包等。在运输途中，为保持根系湿润，防止干枯，应用苫布遮盖，包装内还可以用湿润的苔藓、木屑、稻壳、碎稻草等材料作填充物，如果中途缺水，还应及时喷水保湿。包装可按品种和苗木的大小，每 50 ~ 100 株一捆，挂好标牌，注明产地，品种，数量和等级。冬季调运苗木，必须做好防冻保温工作。

特别提示

起苗要保护好接口，做好检疫消毒，妥善包装运输。在运输途中，为保持根系湿润，防止干枯，冬季调运苗木，必须做好防冻保温。

5

李露地栽培技术

李露地栽培成功的关键是严格掌握、认真实施各项技术措施。本章详细地介绍了露地栽培李的各项技术：介绍了李对土壤条件的要求及土壤改良措施、园区选择原则、园区规划、排水系统的设计、防护林的规划；介绍品种的选择、搭配、授粉树的配植、栽培方式、栽培密度的确定；介绍栽植前的各项准备、各项栽植技术；栽后的各项管理措施，李树的修剪技术、树型的确定、保花保果技术。本章所介绍的各项技术措施不仅行之有效，而且具有很强的可操做性。

48 李建园应选择什么样的土壤?

李树对土壤要求虽然不严，可在沙土、壤土、黏土等不同类型土壤上栽植，但最为适宜的是土层深厚、湿润肥沃、水利条件好、地下水水位低的沙质壤土地块。在山坡地栽植可修建梯田。在沙荒地和黏重土壤上建园因含有机质少，保肥保水能力差，在栽植前应针对土壤的不同情况采取相应措施，对土壤进行改良。创造适宜李树生长的土壤环境。一般李树在 pH 值为 4.7～7 的中性偏酸的土壤上均能生长良好。

49 不同土壤的改良方法?

山地李园的土壤改良 山地土壤的特点是地势不同，土层薄，沙石多，水土流失较重。应结合水土保持做好深翻熟化工作，防止水土流失，加厚土层，提高土壤肥力。土壤深翻熟化要在修梯田和挖鱼鳞坑时进行，至少在树穴周围要深翻60厘米深、60厘米宽，使土壤疏松、无石块。

沙荒地的土壤改良 沙地土壤保水保肥力差，风大地区树易倒伏，应防风固沙，营造防风林，也可种植绿肥作为覆盖地面，具体改良方法是掺土加有机肥，在栽树前用黏土1份、沙土2~3份，并混入一定数量圈粪，充分掺和后填入栽植穴。

黏重土壤的改良 黏重土壤通气性差，影响根系伸展，致使树体衰弱。改良方法是逐年深翻和不断扩大，将心土挖出，填入表土，并增施有机肥料和绿肥，增加有机质含量。有条件的地方可掺沙改良，提高土壤通气能力。

盐碱地的改良 盐碱地因含有高浓度的可溶性盐碱对果树生长不利，改良方法是修台田，挖排水沟或种植覆盖作物，降低水位，并减少地面蒸发，防止盐碱上泛；或压沙、换土，多施有机肥，改善土壤团粒结构。

特别提示

最好选沙壤质土建园，其他土壤要注意改良，根据不同土壤采取不同措施。

50 选择园址要求什么样气候条件?

李树春季开花较早，在我国北方一些地区易出现晚霜危害。在有霜的地区应注意选择花期较晚的品种，有条件的可营造防风林。在地势上避免在谷地、盆地或山坡底部等冷空气容易集结的地方建园。

51 栽培园对地下水位有什么要求?

李树不耐涝，应避免在地下水位高、易积水的涝洼地段建园。平原地区的李园应建立在地下水位高于地表不少于 1.5 ~2 米的地段。否则李树易早衰死亡。

52 栽培园应选择什么样交通条件?

李果成熟期不一致，特别是早、中熟品种不易长途运输，应选择交通运输方便的旅游业发达的地区附近建园，但不易在栽过桃、李、杏、樱桃等核果类果树的地方建园，以免再植病的发生。如不能避开则应进行深翻改良土壤或进行土壤消毒。

53 园址如何规划设计?

因为李是多年生作物，所以园址的规划必须要有一个合理的长远规划。主要包括以下几方面:

园址的划分 根据地形、地势和土壤条件因地制宜，将李园划分成不同或相等面积作业小区。小区的面积取决于李园规模、地形及地貌。

为了便于经营管理，大面积果园一般先划分为若干大区，每个大区再划分若干个小区，小面积果园则只划分小区。小区的面积要根据地形及机械化程度确定，地势平坦、便于实行机械操作的平地丘陵，果园面积可大些，8 ~10 公顷为宜。丘陵、山坡地，果园地形复杂，小区面积可小些。

小区的形状 平地果园可设计成长方形，山坡地果园可采用梯形。

小区的方向 平地果园最好为南北方向，果树行与小区长边一致，且南北行栽植能使果树获得较好的光照，有利于提高果品产量和质量。但风害较多的地区，小区长边应与主要风害方向垂直。这样沿小区长边配置防风林的主林带，可以有效地减轻风害。山坡地果园可随地形等高线筑成水平状梯田，以利于沙土田间作业。

特别提示

规划要因地制宜。要考虑地形、地势和土壤条件，机械化程度，风沙，光照等因素。

54 果园道路如何规划?

道路的多少取决于李园规模，小区的数量。在位置适中的地方，安排一个贯通全园的主干道，而在小区之间设支路。主干路宽5~7米，可以通过卡车和大型运输机械，并与贮藏室、农具室和包装场相通。支路较小，一般宽2~4米，主要用作人行道和大型农业机具的通道。在面积较大的李园，主干道和支路之间还应设置一级干路，便于小型汽车及农用机具通行。

山地果园，主干路可以环山而上，沿坡修筑呈之字形上升的斜度不能超过7°，且应具有0.3%的坡降，不能沿真正的等高线修筑。支路可以根据需要顺路筑路。修筑梯田的果园，可以利用边埂作人行小路，不必另开支路。

配置果园道路时，应保持管理用房，贮藏室、农具室、包装场和配药池以及各小区之间有最方便、最短的交通联系，路线布置尽可能做到短而直，而且应与防护林、排灌系统相结合，协调配置，搭好骨架。

55 排灌系统如何建立?

在丘陵和山坡地果园的蓄水设备，应选择山谷和凹地修建小型水库。山地李园的灌溉应从上坡按等高线修筑；丘陵地区果园的渠道，应设在分水线上。输水渠设在大区间道的侧边，将灌溉水从水源引至配水渠。配水渠设于小区间道的中间或侧边，将水引入灌溉沟。一般果园在较长时间仍以灌溉为主，有条件的果园提倡安置滴灌设备，滴灌是目前先进的灌溉方法之一。

滴灌是滴水灌溉的简称。它是将水增压、过滤再通过管道送至滴头，以点滴的方式，经常地、缓慢地滴入果树根部，使果树主要根系区的土壤经常保持最优水分状态。

李树不耐涝。加强李园的排水是建立高效果园的关键环节之一。平地、低洼及盐碱地建园，排水系统的建设是先决条件。排水包括明渠排水和暗沟排水，以往多是沿果园即小区的边界设置明渠水。低洼及盐碱地区果园内的排水沟应适当加深。

56 果园防护林如何规划?

根据因地制宜、因害设防的原则，华北地区即冬春风多的地区，李园必须要营造防护林，固定风沙，减少园地水分的蒸发和土壤侵蚀。

果园防护林可以改变果园小气候的，减轻自然灾害的程度。例如早春花期遇到寒流袭击的时候，防风林能降低风速，减缓果园降温的速度，从而尽可能避免冻害的发生或减轻花及幼果的冻害程度。

防风林带的类型有两种：紧密结构林和透风结构林带。

紧密结构林带由高大乔木、中等乔木和灌木类型的数种组成。这种由高、中、低三种不同的高度组成的林带，由于其结构紧密，透风力小，对保护区调节温度和增加温度的效果好，但是这种林带保护范围小，因透风力弱，冷空气容易下沉形成霜冻、积雪和下降风沙。

透风林带则由高大的乔木组成。这种通透式林带，允许部分气流通过林带，大部分则向上，在果园上空流过，这种林带对保护区内调节温度和增加湿度的效果不如紧密结构林带，但保护的范围大。冷空气下沉速度慢，形成霜冻轻，积雪和积沙比较均匀。

综合上述两种林带的优点，现一般使用半透风林带。半透风林带由一层高大乔木和一层灌木组成。它的防护效果取决于林带的通透性、林带的高度和林带本身的一致性。

57 品种选择的原则是什么?

李树是多年生果树，一经定植，便不易更换，所以选择适宜栽培的品种的原则应从以下几方面考虑：

根据品种的适应性　尽管李的适应性广，但也取决于品种的产地和所采用的砧木类型，品种对不同地区的适应能力有很大的差别，原产我国南方的李品种，一般适合于北方栽植，但特殊年份易出现冻害问题。李树品种的适应性和抗逆性，在各地有不同的表现。例如，玉皇李的适应性很强，无论在辽南，还是在河北、河南、陕西、湖北及云贵高原均能栽培，而且表现良好；黑龙江绥棱果树站培育的绥李三号在寒冷的黑龙江、吉林、内蒙古等地结果早、丰产、质优，但引到辽宁、河北、北京等地区，均有不同程度的裂果现象。浙江、广东、福建等地的古老优良品种三华李、槜李、榛李等在有原产地品质好、产量较高、抗高温高湿，而引到辽宁等地，却常常发生冻害。

嫁接在不同砧木上的李品种的适应性也有差别。如黑宝石李选毛樱桃作砧木，不仅抗细菌性穿孔病的能力极差，而且果个变小，如果用毛桃作砧木，则树体基本不发生细菌性穿孔病，果个明显变大。嫁接在毛桃上的秋姬李易发生抽条，而嫁接在毛樱桃及抗寒李品种上的就会减产抽条现象的发生。

所以选择品种时，应先要了解品种的来历，生长结果习性及抗逆性，然后根据当地条件选择最适合品种。

根据市场需求及运输条件 根据市场需求可选择2~3个早熟或晚熟品种作为主栽品种，城市郊区及运输条件好的地区将早、中、晚熟品种合理搭配，充分满足不同季节的市场供求。运输条件差，边远山区则应选择肉质硬、耐贮运的品种。如果离城市和工矿区较近，可适当选择一些极早熟品种。另外可选择适合当地消费习惯，是在当地生长结果表现良好的地方品种。有些品种尽管对当地的水土适应性强，丰产性能表现也好，但与当地的消费习惯不一致，那么应少量发展或不发展。另外，生产规模也应与当地的需求量保持一致。

根据果实利用的目的 若选择鲜食为目的的品种，应要求是酸甜适口、果个大、果肉硬、果面高度着色、风味浓、成熟度均匀的品种。若以加工制罐为目的，应要求是果个均匀、片肉对称，果肉厚、肉质硬、离核、核小、果肉褐变慢，含酸量可比鲜食品种稍高。若以加工制汁为目的，应要求果肉有色、果汁多，Vc和固形物含量高的品种；若以观光为目上的，可选择有特异性状及不同成熟期的多个李品种如红叶、红果、黑果、黄果等的品种。

品种搭配 建立一个李园，必须选择一个合理的品种数量，并进行合理的品种搭配。要在生产季节里做到李果的持续供应，就要做好早、中、晚不同熟期品种的合理搭配。这在李树优质高效栽培上具有重要的作用。首先，保证产品在生产季节里持续供应，能够获得稳定的顾客，尤其是大批发商。而对于果园来讲，安排一系列成熟期不同的品种，不断地持续上市，既可以均衡安排劳动力和农事，也可以避免因工作量大导致采收或销售不及时而造成的损失。

特别提示

要注意品种的适应性，市场需求，果实利用目的，搞好品种搭配。

58 授粉品种如何配置？

李多数品种自花不结实，栽培时必须配置一定数量的适宜授粉品种。授粉品种不仅要与主栽品种花期相同或相近，而且应具备花粉量大，与主栽品种授粉亲和性好，树体大小、生长结果习性尽可能一致的特性。最好采收期也与主栽品种接近，以便管理。据辽宁果树所报道，大石早生李，以美丽李、跃进李、香蕉李、玉皇李、小核李授粉，坐果率分别为37.8%、20.5%、18.6%、16.0%、11.2%。大石早生给上述品种授粉坐果率也在12.9%以上。即便是自花授粉结果好的品种，配置2~3个能互相授粉的品种混栽，也能提高坐果率。授粉品种一般不少于1/5~1/4。如果一个李园确定两个主栽品种，且能互相授粉，可各占1/2。授粉树可成行配置，也可单株以中心式配置，即中心一株是授粉树，周围8株是主栽品种，也叫跟株栽植。

特别提示

授粉品种搭配要求搭配合理，花粉量大，亲和力好。

59 栽植方式及栽植密度如何确定？

栽植方式要合理　果树的栽植方式直接关系到土地利用、光能利用、机械化管理和栽植密度，就根据当地条件和苗木各类，确定适宜的栽植方式。目前生产上采用的栽植方式有长方形栽植、带状栽植、正方形栽植和等高栽植等。从充分利用阳光和机械作业来讲，最好采用长方形栽植，山坡地则多用等高栽植。

栽植密度要适宜 栽植密度要根据园地的地势、土壤、气候、砧木和品种、栽培技术和机械化程度确定。一般来说，地势平坦、土层深厚、土壤肥沃、气候温暖、雨量充足、无霜期长的地区可适当稀些；而山坡地、土层较浅、土壤瘠薄、低洼干旱、长势弱、毛樱桃为砧木的地区可适当密植。通常的地方可栽植2米×4米，地势平坦、肥沃的地方可栽3～4米×5～6米。现在生产上采用较多的株距为3～4米，行距4～6米。为了增加早期产量可搞计划密植，如先栽成2米×3米，再变成4米×3米，最后变成4米×6米。

特别提示

栽植方式要充分利用阳光，便于机械作业；密度要根据地势、土壤、气候、砧木和品种、栽培技术和机械化程度确定。

60 栽植前要做哪些准备工作？

严格选苗，密度要适宜 新建李园时，要选择品种纯正、须根较多、无根癌病、无枝干病虫伤害的1～2级苗木，不同等级苗木应分区栽植，若选择高度在0.8米以上，粗度在0.8厘米左右的1级苗，可提高栽植成活率，且发苗快，结果早、丰产。苗木须进行根系修剪，剪除烂根，对根系劈裂处剪出新茬，放入清水中浸12～24小时，使苗木吸足水分后取出。栽植前再将根部用ABT生根粉3号1000倍浸蘸根部30秒，或将根部蘸泥浆保湿，有利于保持须根生命力，促进苗木生根，提高成活率。此外，栽植时除按计划定植点留足苗木数量外，还要留出10%～15%的优质苗木，假植在果园的株间，以备死苗后带土移栽，使果园园貌整齐一致。

若采用三当苗(快苗)或半成苗建园，如精心护理并采取一定防护措施也可达到较满意的效果。对不充实的弱苗或三当苗，采用防止枝干蒸腾失水的措施可明显的提高成活率。

准确测定栽植点 栽植前先确定定植点。平地果园的测定是选有代表性的地方定好基本行，在要栽树的地段上四周定点，然后采用行距和株距两条线交叉定点法，标好全部定植点；梯形按株距定点，并用石灰或木桩作标记。

挖好定植穴或定植沟 挖穴时，应以栽植点为中心，画方形挖掘，长、宽0.8～1米，深0.8米。山地或土质较差的地方建园，因土壤瘠薄应挖1米×1米的大穴。或按行距沿行向挖宽1米、深0.8米的定植沟。挖出的表土与心土宜分别堆放，卵石、石块、粗砾砂等除去，回填时要先在坑底放入20～30厘米厚的秸秆、杂草等有机物，然后再回填表土，距地表20～60厘米处用表土或好土与有机肥(一般每株有机肥50千克为宜)混匀填入，为根系发育创造良好条件；穴表层填入行间的表土或经破碎的心土，堆成丘状。并浇足水，以使穴内的土壤充分下沉，避免栽植时过深，影响李树的生育。最好是秋栽树夏挖穴，春栽树秋穴，以促进底土风化。

特别提示

栽植前严格选择好苗，准确测定栽植点，处理好栽植穴的土壤，施好肥。

61 栽植时期如何确定?

李树建园栽植，基本上可分为春栽和秋栽两个时期。

春栽 在冬季严寒、早春风大、干燥的北方地区以春栽为宜。

如果是就近取苗，最好是顶芽开始活动时栽植为宜，因此时地温已升至较高，栽后根系恢复快，伤根也易恢复，栽后地上部很快萌芽，也有利于地下部根的发生，对成活和早期生长均有好处。

秋栽 在冬季较凉、无越冬冻害、早春抽条的南方地区，可以秋栽，也可以春栽。但从有利于栽植苗木的断根愈合、缩短缓苗期和促进春季生长等方面考虑，秋栽优于春栽，秋栽可以在苗木落叶后或土壤结冻前20~30天栽植；秋季栽植可以减少春季农忙的压力。自育苗木、就地栽植的可在8月下旬至9月下旬，利用阴天采取带叶根系带土团的苗木，随挖随栽，不仅栽植成活率极高，而且基本上无缓苗期。

62 如何进行栽植?

将备用的苗木放置在栽植穴的一旁，根系培湿土防止干燥。栽植时，将苗木放在小栽植穴内，纵横对齐，将根系展开，然后填土。边向上稍稍提苗边踏实土壤，直至低于地表2~3厘米止。在填土、提苗和踏实土壤的过程中，务必注意苗木的栽植深度，一般以苗木原来在苗圃内留下的土印为准，但实生砧木的嫁接口应略高于地平面。黏重土壤切勿栽深。然后再以苗干为中心，在地表筑起沿树行间隔1米宽的两道土埂或直径1米的圆形土埂；高度约10厘米。对植株进行充分灌水，第二天覆土至地表。过10天左右再第二次灌水，第二天进行松土，对提高苗木成活率有明显的效果。如松土后，对植株地面覆1平方米的地膜，不仅苗木成活率高，而且苗木生长优良。

特别提示

栽植深度因土而异，要及时浇水松土。

63 栽植后如何进行管理?

定干 定干高度为70~80厘米，剪口要留在迎风面，选北芽，剪口在芽上1厘米。若树苗已有分枝，可按下列情况处理：一是分枝在整形带内，则将各分枝在饱满芽处短截，剪口下第一芽一般留下芽，若枝条角度过大，则可留上芽；并根据树形确定是否留中央领导干。二是分枝在整形带以上时的，则与单干苗一样在饱满芽处将上部剪去。三是分枝在整形带以下时，则应将分枝全部剪掉。

苗干套塑料袋 北方春季由于多风干旱，新植树时常易抽干、闷芽，成活率低和缓苗期长，并易受金龟子危害。套塑料袋后可避免苗木抽干，提高成活率；而且发芽快、整齐，新梢生长速度快，生长量大。并可有效防止金龟子危害。套袋方法：用普通农用塑料薄膜制成10厘米宽、90厘米长的条状口袋，定干后立即自上而下套上，下端埋入土中10厘米左右即可。注意袋要逐步取，当幼芽长到3厘米左右时，分3~4次开洞透气，第一次在袋中部扯开4~5个指头大的小孔以后每隔2~3天扩大1次，6~8天后，幼叶已从孔中长出，内外湿度基本相同，然后于傍晚去掉残袋。取袋过早，幼芽仍有被金龟子食害的可能；取袋过急，新叶从高湿环境中很快暴露在高温干燥的大气中，叶缘易烧焦；过晚新梢扭曲。也可套塑料布做的小筒(但要有透气孔)。

补水 定植后3~5天，扶正苗木后再灌水一次，以保根系与土壤紧密接触。

铺膜 可以提高地温，保持土壤湿度，有利于苗木根系的恢复和早期生长。一般每株树下铺1平方米的膜即可。如密植可整行铺膜。铺黑色地膜抑制杂草生长效果较好。

检查成活及补栽 当苗木新梢长至20厘米左右时可对不成活苗木进行补栽，过弱苗木换栽，以保证李园苗齐、苗壮，为早果丰产奠定基础。移栽要带土坨，不伤根。除将死亡苗补齐外，对生长过弱苗也应用健壮的预备苗换栽，使新建园整齐一致。补换苗时一定要栽原品种，避免混杂。

及时追肥灌水和叶面喷肥 要使李树早期丰产，必须加强幼树的管理，使幼树整齐健壮。当新梢长至15~20厘米时，及时追肥，每隔15天左右追施一次，共追2~3次，每次每株尿素50~100克左右即可，对弱株应多追肥1~2次，使弱株尽快追上壮旺树，使树势相近。7月以前以氮肥为主，7月中旬以后适当追施磷、钾肥，以促进枝芽充实，除地下追肥外，还应搞叶面喷肥，前期以尿素为主，用0.2%~0.3%的尿素溶液，后期则用0.3%~0.4%磷酸二氢钾，全年喷4~5次。追肥时开沟5~10厘米施入，可在雨前施用，干旱无雨追肥后应灌水。

病虫害防治 春季萌芽后首先注意东方金龟及大灰象甲等食芽(叶)害虫的危害，套袋可防止。对黑琥珀李、澳大利亚14号李、盖县大李等易感穿孔病的品种应及时喷布杀菌药剂，可使用50%代森铵200倍液，200毫升/升新植霉素液，65%代森锌400~500倍或72%农用链霉素3000倍液或农用链霉素+速补1000倍。另外防蚜虫和红蜘蛛的危害，用一遍净(吡虫啉)、扫螨净(哒螨净)等防治，效果很好。

防寒 北方干寒地区1~3年生树，易引起根颈冻害、日烧和抽条死亡，必须采取措施。对1年生苗可采用压倒埋土法，树较粗不易弯倒时，可在枝干缠草把后，外用塑料布包裹，然后在树基部堆一半月形土埂；还可涂防冻液保护。

特别提示

及时检查成活情况及补苗，适时追肥灌水，防治病害虫，注意防寒。

64 为什么要进行整形修剪?

通过合理整形修剪，调节好生长与结果的平衡关系。整形修剪是果树栽培中一项较复杂的重要技术措施，针对各个树种的生长结果习性、栽培管理水平的不同，其相应的整形修剪技术也有所不同。李树是比较喜光的树种，修剪方法不当，会造成树冠郁闭，结果部位外移，影响果实品质和树体经济寿命。只有通过合理整形修剪，才能调节好生长与结果的平衡关系，使幼树迅速扩展树冠，增加枝量，提前结果，早期丰产，盛果期树实现连年高产、稳产，并且尽可能延长盛果期年限。在生产实践中应重视整形修剪的作用，但必须在良好的土、肥、水等综合管理的基础上，才能充分发挥整形修剪的作用。

65 李应该在什么时间进行修剪?

一般分为冬季修剪和夏季修剪。

冬季修剪　又称为休眠期修剪，一般指落叶后至第二年树体萌芽前或花前这段时间所进行的修剪工作。由于落叶前树体、叶片及枝梢中的养分向树体骨干枝及根系中回流，树体贮藏养分充足，地上部分修剪后，树体枝芽量减少，能保证树体保留下的枝芽营养供应，从而能促进树体新梢的生长。树体冬季修剪量越大，这种促进作用越显著。冬季修剪能剪除一部分花芽，从而起到调节树体产量的作用。此外，也能调节树体的结构，改进树体生长季节的光照条件和果实品质的作用。

夏季修剪　又称为生长季修剪，一般指在花后至秋季落叶前任何时期所进行的修剪。夏季修剪在幼树上应用能迅速增加树体分枝级数，扩大树冠，达到提早成形的目的；而在成年树上应用主要为了调整树体生长状况，改良树体的通风透光条件，达到提高果实品质以及确保枝条和花芽的健壮发育。由于人们对果品质量的要求越来越严格，因此，夏季修剪的应用越来越引起果树生产者的重视。由于夏季修剪去除大量的枝叶，减少光合作用器官，对树体生长的抑制作用强。因此一定要掌握好夏季修剪的程度。

特别提示

人们对果品质量的要求越来越严格，因此，夏季修剪的应用越来越引起果树生产者的重视。

66 李的修剪方法有哪些？

李树上应用的主要修剪方法有短截、疏枝、回缩、缓放、抹芽、摘心、拉枝等。

短截 剪去1年生枝条的一部分称为短截。剪除1年生枝条长度的1/4左右，称为轻短截；剪除1/3～1/2为中短截；剪除2/3的称为重短截；枝条基部仅留二三个芽进行短截称为极重短截。

短截后缩短了枝的长度，减少了芽的数量，从而使养分、水分能够更集中地供应剩余的枝芽，并刺激剪口以下的芽萌发和抽出较多、较强的新梢。因此，对1年生枝的短截，可以促进新梢生长势，增加长枝的比例，减少短枝的比例，加强局部营养生长，延缓花芽的形成。短截越重，这种作用越明显。因此，在幼树期间要尽量少用。为了整形的需要，对于骨干枝上过长的延长枝，可以进行轻、中短截，以利于发枝扩冠。对部分竞争枝、旺枝和过密枝，在适量疏枝的基础上，少量的也可应用重短截或极重短截的方法培养中、小结果枝组。对于枝干背上部分的直立枝，也可应用短截和夏剪措施，培养结果枝组。对于长势偏弱的成龄树，可适当采用中、短截方法，以减少花量，促进长势和花芽分化。

疏枝 将1年生枝或多年生枝从基部剪除叫疏枝。疏枝可以使树体通风透光，增强光合效能，削弱顶端优势，保护内膛的短枝和结果枝；减少营养的无谓消耗，促进花芽形成，平衡枝势。疏枝主要疏除过密的辅养枝、交叉枝、扰乱树形的大枝和徒长枝。一般在较旺枝上去强留弱，在弱枝上去弱留强。疏枝一般对全树或被疏除的枝起削弱生长的作用。削弱的程度与疏枝的部位、疏枝的多少和疏枝造成的伤口大小有关。因此，疏枝时不可一次疏枝过多，要逐年分期进行。李树杏砧木疏枝伤口流胶，对树势有削弱作用。因此，李树不宜从主干基部疏除，可用留短桩的办法，并注意涂伤口保护剂。

回缩 对多年生枝进行短截称为回缩，也叫缩剪。对辅养枝、培养结果枝组、多年生枝换头和老树更新时较多。回缩缩短了枝轴，使留下的部分靠近主干，养分方便，降低了顶端优势位置，对余下枝条的生长和开花有促进作用。回缩改变了先端延长枝的方向，调整枝条度和方向，以控制生长势和改善通风透光条件。回缩还可以控制树冠大小。回缩对剪口枝的影响一般是促进，但剪口枝弱，开张角度大，又剪去较多的枝条，形成较大的伤口，对剪口枝会有削弱作用。

缓放 也称甩放，对 1 年生枝条不进行修剪，以缓和新梢的长势。缓放可以增加母枝的生长量，缓和新梢的生长势，减少长枝的数量，改变树体的枝类组成，促进短果枝特别是花束状果枝的形成，从而有利于花芽的形成，是幼树和初结果树上采用的主要方法。幼树期间对骨干枝上的两侧枝、背下枝、角度大的枝缓放修剪效果非常明显，而对于直立枝、竞争枝、背上枝进行缓放则易形成树上树，破坏从属关系，扰乱树形。因此，对这些枝一般应疏除。另外结果多的枝要缓放和回缩配合使用，树势较弱、结果多的树，则不宜缓放。

抹芽与疏梢 萌芽或抽枝后，抹掉或疏除位置不当及轮生枝、竞争枝、疏枝剪口处不需要的嫩芽或新梢等。对于冬剪时剪锯口处往往接连萌生旺枝，形成年年去、年年发的情况，用夏季疏梢可解决问题。

摘心和剪梢 在生长季节将新梢的先端部分摘去或剪除。主要应用于幼树和旺树时期。摘心和剪梢可使枝条加粗生长，摘心和剪梢后，枝条暂时停长 10～15 天，叶片大而厚。摘心可控制枝梢旺长，促发二次枝，加速骨干枝或枝组的培养，提早成形和促生花芽，提高坐果率。

摘心和剪梢的时间、方法视目的而定，如以扩大树冠、增加分枝、培养骨干枝为目的，可在新梢长到所需长度时进行。树势旺时，1 年内可摘心两次，但不要晚于 7 月下旬，否则，发出的新梢多不充实，易干抽。如果以抑制新梢旺长、促进分枝、加速枝组的培养、促进花芽形成为目的，在新梢长到 10～15 厘米时摘心，二次生长旺盛时可连续摘心，最后在立秋后全部摘心。摘心适宜于成枝力弱的品种。

拉枝 人为加大新梢和枝条的角度，是李树修剪常用的一种好方法。通过开张角度，改变枝条的角度和方向，控制顶端优势，改善树体的光照，培养大量的结果枝组。在幼树和初果期树应用最多。拉枝的最佳时间在 5 月上中旬至 6 月上中旬。

环剥 根据不同目的，进行不同处理：如果为了提高坐果率，可于李树盛花期进行；如为了促进花芽的形成，可于 5 月中下旬至 7 月上旬进行。环剥时应注意以下几个问题：①掌握好环剥的时间，根据环剥的目的确定环剥的具体时间。②环剥适宜于旺树、适龄不结果树，而对于幼树一般不宜进行环剥。③掌握好环剥的宽度，一般掌握在所剥枝直径的 1/10。过宽不易愈合，容易出现死树，过窄，环剥效果不明显。

特别提示

各种修剪方法要因地制宜。

67 李的主要树形有哪些?

小冠疏层形

1)树体结构　干高40~60厘米，有中心主干，第一层3个主枝，层内距15~20厘米。第二层2个主枝，距第一层主枝60~80厘米，而且这2个主枝与第一层3个主枝插空选留，第二层主枝以上开心。每个主枝配置1~2个侧枝。

2)整形技术　第一年定干60~70厘米，从剪口下长出的新梢上部选出一个健壮的直立枝条作为主干延长枝，在其下部的枝条中选出3个长势较强、分布较均匀的枝条作为第一层的3大主枝。留作主枝的枝条任其充分生长，对其余的枝条进行摘心疏除或短截，控制其生长。冬季修剪时第一层的3大主枝剪留50厘米左右，主干延长枝剪留60厘米。翌年春天从主干延长枝的剪口下长出的枝条中，除选出1个主干延长枝外，其余枝条要拉平进行缓放，以培养成永久性的大结果枝组。冬季在中心干延长枝剪留50厘米左右，当年选留2个长势、角度、方向良好的枝条作为第二层主枝。第二层主枝要求与第一层主枝相互错开，不重叠。对第一层主枝还是剪留50厘米左右，其余的枝条要控制生长，进行摘心、短截或疏除。翌年冬季修剪时，第二层主枝剪40~50厘米，按此方法进行修剪，最终培养成树高在3.0~3.5米，具有5大主枝的理想树形。见图5。

杯状形

1) 树体结构　干高30~50厘米，主干上3~5个主枝(骨干枝)，主枝单轴延伸，没有侧枝，在其上直接着生结果枝组。主枝

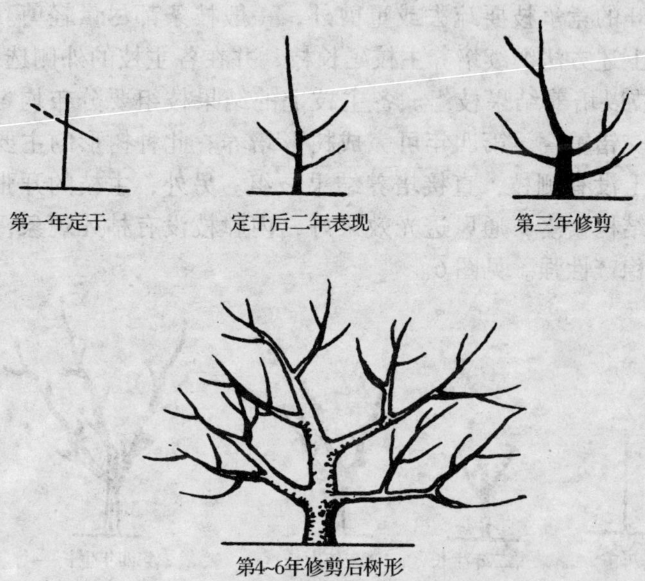

图5 小冠疏层形树形及其整形过程

开张角度为25°~35°，枝展直径为1~1.5米。

2）整形技术　栽植后，应从干高50~60厘米处定干。从剪口下长出的新梢中选留3~4个生长健壮、方向适宜的新梢作为主枝。对其余的枝条可以缓放或进行摘心，以保证选留的主枝茁壮生长。第一年冬季，主枝剪留60厘米左右，剪口芽选用外芽或侧芽。除选留的主枝外，竞争枝一律疏剪，其余的枝条依空间的大小作适当的轻剪或不剪。翌年春天，在剪口下芽长出的新梢中选出方向正的健壮枝条作为主枝延长枝条来培养，对其余的枝条作适当的摘心处理，培养结果枝组。在整个生长季节中进行2~3次修剪，使其枝条长势均匀。竞争枝要及时疏除，生长中等的斜生枝要尽量地保留或轻剪，促其提早形成花芽。冬季，主枝延长枝还是剪留60厘米左右，其余的枝条按空间的大小决定去留。除了长势很旺的竞争枝要疏去或重剪外，一般枝条都尽量轻剪。第三年，按上述方法继续培养主枝延长枝，并在各主枝的外侧选留1～2个侧枝以培养结果枝组。各主枝上的结果枝组要分布均匀，避免互相交错重叠。第四年可完成树形培养。此种树形的主要特点是主枝上没有侧枝，直接培养结果枝组。另外，主枝的开张角度较小，结构紧凑，通风透光效果好，内膛枝没有枯死现象，树体丰产、稳产性强。见图6。

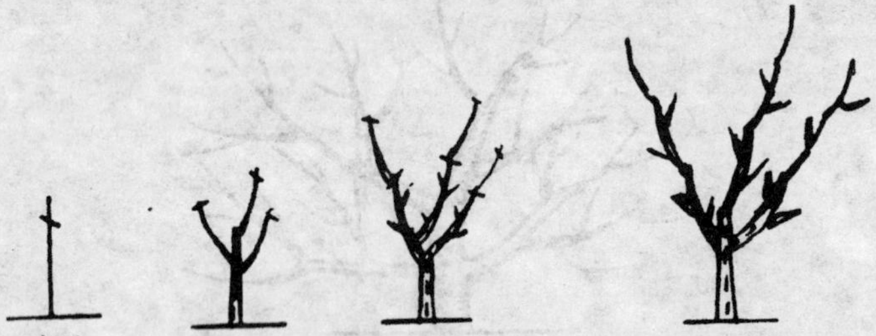

图6　杯状形树形及其整形过程

细长纺锤形

1）树体结构　细长纺锤形适用于栽培密度较高的李园，该树形干高50～60厘米，树冠直径3米左右，在中心干上培养10～12个主枝，主枝与中心干夹角70°～90°，主枝近似水平，向四周伸展，主枝在中心干上没有明显层次，主枝保持10～15厘米间距，同侧主枝间的垂直距离不少于50～60厘米间距，下层主枝长1～2米，上层主枝逐渐缩短，外形呈纺锤形，在各主枝上直接配置中小型结果枝组。

2）修剪技术　细长纺锤形主枝数目较多，主枝间距离较近，每年可选留2～3个主枝。如第一年选留了3个主枝，第二至第四年每年选留2个主枝，冬季修剪时，对中心干延长枝每年按40～50厘米剪留，对主枝延长枝可以轻剪，以缓和生长势，增加短枝数量，中心干延长枝在达到预定高度时可以不短剪。纺锤形树形的主枝可以在生长季8～9月开张角度，拉枝到70°～90°，使主枝近似水平，这种做法容易使中心干优势突出，造成上部生长过旺。冬季修剪时，可以去掉原来生长势强的中心干延长枝，换成生长势较弱的枝条，以平衡全树的生长势。对于难以控制的主枝和徒长枝，可以全部去掉。

生产中根据品种特性，立地条件，栽培管理技术来灵活选择适宜的树形。一般来说，大石早生、长李15号等干性较弱、分枝力强的品种可采用小冠疏层形；而对于黑宝石、澳大利亚14号等树势直立、长势强的品种一般采用杯状形为宜；对于龙园秋李干性强、成枝力较差的品种，适合采用细纺锤形树形。见图7。

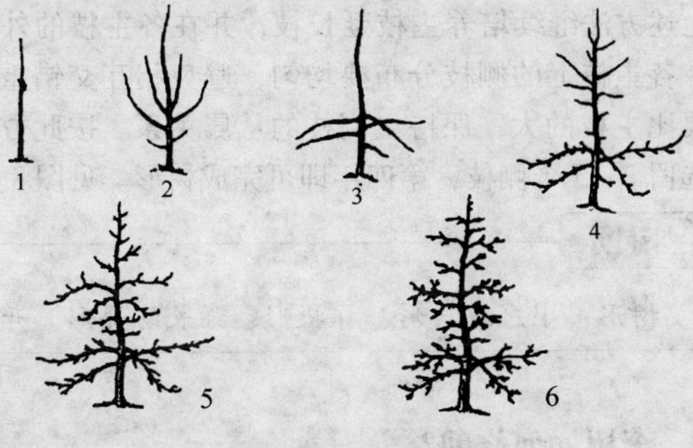

图7　细长纺锤形树形及其整形过程

1. 定干　2～5. 第一年至第四年整形　6. 完成基本整形

开心形

1）树体结构　主干上有3个主枝，层内距10～15厘米，以120°平面夹角均匀分布，开张角度为45°左右。每个主枝上留1～2个侧枝，无中心干，干高30～50厘米。

2）整形技术　定植后，从干高50～60厘米处定干。从剪口下长出的新梢中选留 3 ~ 4 个生长健壮、方向适宜的新梢作为主枝，其余生长旺的枝应拉平或疏去，生长中等的枝条进行摘心，以增加枝叶量，保证选留的主枝正常生长。第一年冬季，主枝剪留 50 厘米左右，剪口芽留外芽，以开张角度。除选留的主枝外，竞争枝一律疏剪，其余的枝条依空间的大小作适当地轻剪或不剪。第二年春季，在剪口下芽长出的新梢中选出角度大、方向正的健壮枝条作为主枝延长枝来培养，对其余的枝条作适当的控制，以保证主枝延长枝的生长优势。在整个生长季节中，宜进行 2 ~ 3 次修剪，使其枝条长势均匀。竞争枝要及时疏除，其余的枝应尽量保留或轻剪，使其提早形成花芽，保证前期产量。冬季，主枝延长枝还是剪留 50 厘米左右，其余枝按空间大小决定去留。第三年，按上述方法继续培养主枝延长枝，并在各主枝的外侧选留第一侧枝。各主枝上的侧枝分布要均匀，避免相互交错重叠。侧枝的角度要比主枝的大，保持主侧枝的从属关系。按此方法，每个主枝上选留 2 ~ 3 个侧枝，第四年即可完成树形。见图 8。

特别提示

主要树形：小冠疏层形、杯状形、细长纺锤形、开心形。

68 李树如何修剪?

幼龄树的修剪 幼龄树指从定植到大量结果之前的时期，一般为 3 ~5 年。这时期的修剪任务主要是扩大树冠，培养合理的树体骨架，尽快形成大量的结果枝，为进入盛果期获得早期丰产做好准备。

李幼树生长量大，采用冬夏剪相结合的方法效果较好。根据所采用树形的不同进行适度的轻剪缓放、开张主枝角度。多留大型辅养枝，尽快填补空间，缓和树势，提高早期产量。辅养枝以

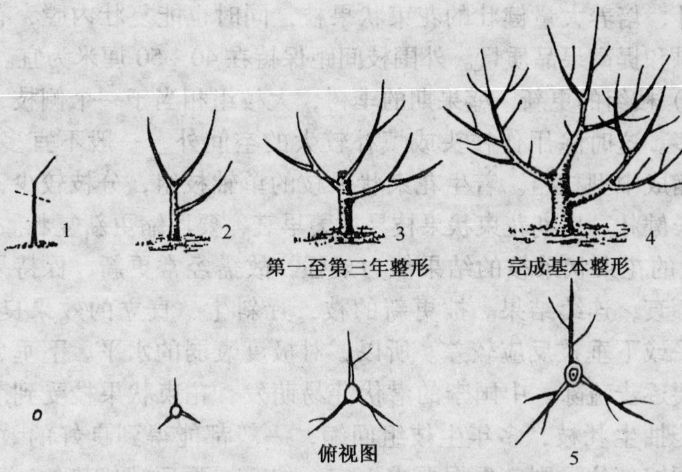

图8 自然开心形树形及其整形过程

利用骨干枝两侧的平斜中庸枝为主，也可以通过拿枝下垂的方法，选择利用部分骨干枝两侧的上斜枝。

李幼树发枝较多，且直立性强，新梢还具有抽生副梢的能力，要注意结合夏季修剪，及时除去过多直立旺长枝和竞争枝。夏剪时要注意利用主枝延长枝上方位和角度适宜的二次副梢，达到开张角度，加速整形的目的。

盛果期树的修剪 盛果期李树主枝开张，树势缓和，中长果枝比例下降，主要以短果枝、花束状果枝结果为主。该期的主要任务是保持树势健壮，提高营养水平，调整生长与结果的关系，精细修剪结果枝组。具体内容包括以下两个方面：

1）稳定树势 对主枝头下垂或枝头交接，造成全园郁闭的，要适当回缩主侧枝，或转换枝头以中部的中型枝组代替原头，控制树体的大小，维持其生长势，对树冠上的枝条疏密留稀，去掉延长枝，留壮枝，疏除或回缩外围枝，加大外围枝间距，减少外围枝叶，培养大量健壮的花束状果枝，同时也能复壮内膛，有利于结果和提高果品质量。外围枝间距保持在40～50厘米为宜。

2）枝组的更新　盛果期的李树，大枝组相当于一个侧枝，不能过多。这时除用作枝头或填补较大的空间外，一般不宜多留，可压缩成中型枝组。着生花束状果枝的单轴枝组，分枝较少，前期生长健壮，后期花束状果枝易枯萎早衰，要回缩更新复壮。3～5年生的花束状果枝的结果能力最强，故需经常更新，保持果枝壮而不衰，连续结果。被更新的枝，凡斜生、直立的效果良好，而水平或下垂枝反应较差。所以，对极度衰弱的水平、下垂单轴枝组要逐步疏除。中国李的潜伏芽易萌发，花束状果枝受到刺激时也能抽生壮枝，多年生枝组回缩，一般都能得到良好的效果。至于回缩部位，则应根据要求而定。如需增强顶端优势的，可用叶丛枝或花束状果枝作剪口枝；如需缓和顶端优势，增强中下部的生长势，则可在中、短果枝处下剪。为维持枝组中下部的结实力，发育枝以缓放一两年后及时回缩为宜。回缩后先端发出的新梢，可选留1个中庸枝作延长枝，将其余的疏掉以削弱顶端优势，延长下部花束状果枝的经济寿命。如空间较大需培养大中型枝组时，则应先将发育枝短截，促发分枝后再行缓放；徒长枝可向比较空旷的地方拿平，改造为枝组；长中果枝可缓放或短截，利用其结果或培养为中小型枝组，其余的过密枝、病虫枝及细弱枝一律疏除，以节约养分，通风透光。

69 李树如何进行保花保果？

落花落果及其原因　中国李的栽培品种多自交不亲合，而且还有异交不亲合现象，因此李树常常开花很多，但落花落果相当严重。一般有三个高峰：第一次自开花完成后开始，主要是花器发育不全，失去受精能力或未受精造成的，据1986年沈阳农大调查，朱砂李花蕊败育率达92.3%。第二次落果发生在开花后20天左右，果似绿豆粒大小时，幼果和果梗变黄脱落，直至核开始硬化为止。主要是授粉受精不良造成。如授粉树不足，缺传粉昆虫，花期低温，花粉管不能正常伸长等。第三次是在第二次落果后3周左右开始，即“六月落果”，在果实长大以后发生，落果虽然很明显，但数量不多。主要是因为营养供应不足，胚发育中途停止死亡造成落果。

保花保果技术

1）人工辅助授粉　人工授粉是防止落花落果，提高坐果最有效的措施。李树的多数品种，具有自花不亲和性，自交结实率很低，需要异花授粉才能正常结果。还有些李品种，不仅自交不亲和，而且杂交亲和力也差。而用桃、杏等异属近缘树种为之授粉，亲和力较好。据沈阳农大试验，朱砂李与其他李品种花粉亲和力基坐果率仅为1.6%以下，而以杏花粉授粉，坐果率高达20.6%。

因此，生产上要根据实际情况，确定授粉组合。在授粉树不足或授粉树配备不均匀的李园，应尽早补栽授粉树，或高接授粉枝。在补栽的授粉树或高接的授粉枝未大量开花以前，每年应进行人工授粉。授粉树充足的李园，如花期遇到阴冷、大风等不良天气，昆虫活动少，常造成授粉受精不良，落花落果严重。因此，要采取人工授粉。人工授粉的步骤和方法如下：

a 花粉采集与贮藏　注意采集花粉要从亲和力强的品种树上采。当授粉品种的花处于初花期时，采集花朵，采花一般结合疏花进行。采花时间以主栽品种开花前1～3天，而授粉品种已进入初花期最好，可全天随时采。采集大蕾期或刚刚开放的花朵，采花时从花柄处摘下。不同的品种可以混采。

采集鲜花后，在室内取花药。用两手各拿一朵花相对摩擦，使花药、花丝、花瓣落在纸上，过筛除去花丝和花瓣等杂质，仅保留花药。将花药平铺在光洁的纸上，在室内20～25℃的通风条件下，一天翻动2～3次，通常1～2天就完全散出花粉。一些大型的李园进行人工授粉，采集花药量大，可用花药脱粒机采粉。

花粉可用于当年授粉，也可装入黑暗瓶中或干燥器中，内放入生石灰或硅胶吸湿，存于2~8℃和相对湿度50%的干燥黑暗条件下贮藏，也可装在密封塑料袋置于冰箱冷冻室贮藏，可贮藏1~2年。

花粉的寿命与温度、湿度等有密切关系。在室内低温干燥条件下贮存37天，在干燥器内65天仍有发芽能力。

b 授粉时期　从开花前4天的花蕾开始到开花后7天为止，雌蕊柱头都有受精能力。一般开花当天受精能力最高。最适宜的授粉时间在主栽品种的盛花初期，争取2~3天内全园授完。大面积且多品种的李园，可根据不同品种和园片开花的先后进行授粉。授粉要选开花3天以内的花朵授，开花4天以上的花朵授粉效果不好。适宜授粉的花朵的标志是雄蕊花药还有部分未裂开，雌蕊花柱新鲜，柱头有黏液分泌。

c 授粉方法　①授粉前准备好授粉器和装花粉用的小瓶。授粉器可用自行车气门芯反卷成双层插在铁钉上做成点授器；小瓶可用医药上装抗生素用的小瓶，事前洗净、烘干。②人工点授法，将1克干花粉加5克玉米淀粉（也可用滑石粉）作填充物拌和均匀，装放小瓶中，用授粉器蘸花粉点授柱头，每蘸一次可以授10朵花左右。③液体授粉法，大面积授粉时可用液体喷授法，液体喷粉是将花粉配成一定的粉液，用微型喷雾器喷洒在花朵上。花粉液的配制是将水10千克，白糖14克，尿素30克，硼砂10克和花粉20~25克混合均匀。溶液要随配随用，不可久置。④鸡毛掸子滚授法，该方法可用于密植李园。把事先准备好的鸡毛掸子用白酒洗去鸡毛上的油脂，晾干后将掸子绑在木棍上。当密植园花朵大量开放时，先在授粉树开花多处反复滚蘸花粉，然后移至要授粉的主栽品种上，上下内外滚授。最好在1~3天内对每株树滚授2次，效果更佳。

d 授粉原则，选择温暖的天气进行，不要对全树普遍授粉，每一花序的花朵不必全授，一般授 1 ~2 朵即可。以预定坐果位置的花为主，比预定量多授 20% ~30% 的花朵即可。因向上长的花易受霜害，不易坐住果，应选择向两侧或向下的花朵授粉。树下部往往结实量少，授粉应认真仔细，并增加授粉量。每株授粉花数的多少，可根据树的花量和将来的留果量结合起来确定。

2）花期放蜂　花前一周左右在李园放蜂，可提高坐果率 20% 左右，增产效果明显。放蜂主要利用壁蜂和蜜蜂在采粉时传播花粉。

生产上主要以角额壁蜂和凹唇壁蜂为主，其授粉的能力是蜜蜂的 80 倍，与自然授粉相比，可提高坐果率 0. 5 ~2 倍。壁蜂在开花前 5 ~10 天释放，将蜂茧放在李园提前准备好的简易蜂巢（箱）里，每亩李园放蜂 80 ~100 头，放蜂箱 15 ~20 个，蜂箱离地面约 45 厘米左右，箱口朝南（或东南），箱前 50 厘米处挖一小沟或坑，备少量水，存放在穴内，作为壁蜂的采土场。一般在放蜂后 5 天左右为出蜂高峰，此时正值李始花期，壁蜂出巢活动访花时间，也正是李授粉的最佳时刻。

蜜蜂传粉是我国果园的传统习惯，但蜜蜂出巢活动的气温要求比壁蜂高。因此，对开花早的李来说，授粉效果远不如壁蜂。因蜜蜂是移动饲养，且最初飞行的日子仅仅采访最近的花朵。因此，李花初放时，就应将其引入果园。一般一箱蜂可保证 0. 4 ~0. 67 公顷李园授粉，蜂群之间相距 100 ~150 米。开花期低温，农药的喷布，都会影响蜜蜂的活动。

3）喷施激素和营养元素　花期喷激素和营养元素可促进花粉管的伸长，促进坐果。根据研究，在大石早生李的花期喷布 30 毫克/千克赤霉素溶液；300 毫克/千克氯化稀土溶液；300 毫克/千克氯化稀土 +50 毫克/千克赤霉素溶液；30 毫克/千克赤霉素 +300 毫克/千克氯化稀土 +0. 3% 硼酸溶液，或用 0. 3% 硼酸 +

0.3%尿素溶液，均可显著提高大石早生李的坐果率，坐果率分别为5.3%、4.19%、5.46%、6.60%和5.05%，而清水对照仅3.05%。另外，蕾期喷6000～10000倍的“叶面宝”；800倍“5406”细胞分裂素；终花期喷0.05%～0.1%稀土，30毫克/升防落素；幼果期喷0.3～0.5毫克/升三十烷醇，0.3%～0.5%硼砂，50毫克/升赤霉素，均可明显提高坐果率。

4）花期环剥　在花期对大石早生李主干进行环剥，环剥宽度为主干直径的1/10，坐果率达4.8%。而花期环割2道的坐果率略有提高，但不明显。

5）生长调解剂的配制　常用的浓度表示方法有两种：一种是百万分浓度（简称ppm）。例如，20ppm即百万分之二十，表示在100万份溶液中有纯品20份，也可将此种溶液浓度称作20个单位。另一种是用倍数表示。例如，稀释5万倍，即纯品与溶液的比例为1∶50000，表示1份纯品稀释在5万份溶液中。两种表示方法互相换算的公式：1000000 ÷ ppm数 = 倍数　1000000 ÷ 倍数 = ppm数

疏花疏果技术　李树结果和新梢生长要消耗大量的营养，并发生对营养的相互竞争。而李的多数品种坐果率高，因此，会影响树体生长发育，造成树势衰弱，也加剧了生理落果。同时导致果实个小，品质下降，并影响花芽分化的数量和质量，出现大小年结果。因此，在综合管理的前提下，合理疏花疏果是李树高产、稳产、优质的重要措施之一。

1）疏花　有条件的李园，可在花期进行疏花，减少养分的消耗。疏花首先应根据立地条件和管理水平确定确定留花量，管理水平高的李园可多留花。疏花一般在蕾期和花期采用人工疏花，在保证坐果率及预期产量标准的前提下，疏花越早越好。疏花的方法，选疏结果枝基部的花，留中上部的花；李中上部的花芽留单花。预备枝上的花全疏掉。坐果率高的品种或可人工授粉的李

园也可以花定果，即只疏花不疏果。留花数和应留果量基本相等。就整株树来说，树冠中部和下部要少疏多留，外围和上层要多疏少留；辅养枝、强枝多留；骨干枝、弱枝少留。具体到一个结果枝上，要疏两头留中间，疏受冻受损花，留发育正常的花；花束状果枝上花要留中间疏外围。

2）疏果

a 疏果时期　原则上越早越好，这样有利于果实膨大，果实整齐，着色好，含糖量高。但也应在第二次落果开始后，能够判断结果状况时进行，最迟在硬核开始时完成。果实较小，成熟期早，生理落果少的品种，可在花后25～30天(第二次落果结束)一次完成疏果任务。如果强调疏果质量，可分2次进行。第一次在李果像黄豆粒大小时(花后20～30天)进行；第二次在花后50～60天期间完成。但像三塔玫瑰、月光等生理落果严重的品种，应该在确认已经坐住果以后再进行疏果。

b 疏果的标准　疏果的标准应根据历年的产量、当年的长势、坐果情况等测定当年结果量，然后根据品种、树势、修剪量的大小、栽培管理水平、果实大小确定单株产量。通常以生产一个果需要的叶片数为疏果标准见表6。

表6　三塔玫瑰李疏果试验

平均每果留叶片数	平均单果重(克)	全糖(%)	干物质(毫克)
4	43.9	6.84	15.5
8	49.9	7.08	14.5
16	65.7	8.06	15.9
32	61.5	8.14	16.7

由上表可以看出，每个李果需要有16片叶子以上，才能保证果实的正常发育。

除此以外，还可根据枝果比、留果距离等指标来指导疏果。

c 小果品种 一个短枝上留 1~2 个果，间距 4~5 厘米；中型果品种(如大石早生、美丽李等)，每个短果枝留 1 个果，叶片多或强壮枝可留 2 个果，果间距 6~8 厘米；下部弱的短果枝，由于影响果实膨大，糖度降低，可 2 个短果枝留 1 个果；大果型品种(三塔玫瑰、黑宝石李等)，每个短果枝上留 1 个果，间距 10~15 厘米。

另外，是以产定果。通过杨建民等人对 4 年生大石早生李负载量与果实品质的关系的研究，提出了盛果期大石早生李疏果的标准，大石早生李适宜的负载量应掌握在 401~800 个果/株，每亩产量应控制在 1500~2000 公斤，由此计算出单位面积总枝量，枝果比和叶果比，其疏果标准叶果比为 25~30∶1，枝果比为每4~5 个短果枝留 1 个果，按留果距离计算，中长果枝每 20~25 厘米留 1 个果。生产实践总结出，黑宝石李果间距在 20 厘米左右，初果期树每株留果 150 个左右，株产可达 15~20 公斤，亩产控制在 1000~2000 公斤；盛果期每株树留果 300 个左右，株产可达 30~40 公斤，亩产量控制在 3000~4000 公斤。

d 疏果方法 疏果时应保留具有品种特征的发育正常的果实。疏去虫果、伤果、畸形果、果面不干净的果。生产中多按果实形状来规定留果，经验证明，纵径长的果实以后膨大得快，容易长成大果。向上着生的李果，一是容易遭受风害；二是随着果实膨大容易受到机械损伤，着色也不好；三是套袋困难。因此，应保留侧生和向下着生的幼果。疏果时按枝由上而下，由内向外顺序进行。

套袋技术 李果较小，成熟期又早，同苹果、梨等果树相比，多数人认为没有套袋的必要。然而近年来，由于李果套袋消除了大果系品种的裂果、着色不良的弊病，同时，从无公害的角度讲，可以防止农药的污染，而且肉质和风味也有明显改善，因此，套袋技术越来越被人们所重视。尤其是那些容易遭受虫害和鸟害的品种或成熟期容易裂果的品种，以及果皮薄，果面粗糙影响外观的品种，套袋更有好处。

袋可选用报纸或羊皮纸。据日本山梨县果树试验站试验，袋纸的质量对着色系李品种的外观、着色程度有很大影响。对大石早生李的调查结果表明，把袋的内层涂成黑色的KMP袋，阳光的透过量很少，整个果面着色黄色，果顶稍微着粉红色；石蜡纸袋则在果面着黄绿色底色和着鲜艳的紫红色，但是与无袋果相比，套袋果的含糖量下降1% ~2.5%.

特别提示

要考虑综合因素，特别是果实无污染，生产无公害李。

6

李保护地栽培技术

20世纪80年代末，果树设施栽培在我国发展起来。90年代初成功地在日光温室内生产出葡萄、油桃、桃、樱桃、李等时令性水果。本章详细介绍保护地李生产的重要意义、现状及国内先进技术；回答了日光温室的主要结构、日光温室栽培李必须掌握的关键技术环节、特别是升温时间的确定；促花技术、扣棚前的整形修剪、土壤管理；扣棚后的管理，包括严格控制室内的气温、土温、湿度、光照、二氧化碳的调控、花果管理；还介绍日光温室的夏季管理等一系列技术中的问题。具有很强的可操做性，便于生产中应用。

70 李无公害保护地栽培的现状及意义是什么？

李保护地栽培的含义 它是指利用温室、塑料大棚或其他设施，改变或控制果树生长发育的环境条件，达到果树生产目标的人工调节。

李无公害保护地栽培的现状 发达国家的果树设施已近百年，目前日本、意大利等国家非储藏性水果市场的相当份额已被保护地设施生产的水果占领，这与发达国家的农业现代化进程，园艺材料的改进、矮化技术的普及、高新生物技术的巨大进步紧密相关。但这种高度现代化、自动化及高能耗、高投入、高产出的设施技术，目前还不适应中国的国情、民情。我国的商业性果树设施栽培只能在日光温室或塑料大棚等简易保护地设施水平上起步。20世纪80年代末，辽宁、山东、河北等地率先利用大棚进行了草莓、葡萄的商品化生产，90年代初又成功地在日光温室内生产出葡萄、油桃、桃、樱桃、李等时令性水果，从技术和经济效益上都显示出了很好的发展潜力。已成为加快发展高效农业地一个新的经济增长点。

李无公害保护地栽培的意义

1)上市早、收益高　李树设施栽培地成熟期一般比露地提早30~50天，大约在4月末至5月初上市，此时正值水果淡季，是“贮果”与“鲜果”的交界期，人们对反季节的李果感到新奇，产生强烈的尝鲜欲望，备受青睐。河北省易县独乐乡生产的大石早生李产地的批发价每千克30~40元。根据我国南北气候的差异，空运到南方大城市如广州、上海、香港等地，乃至出口都有广阔的市场和更高的效益。

2)减轻污染、改善品质　设施栽培属集约化精细管理，可有效地进行生物防治和综合防治，少施或不施化肥，减少污染，增进品质，生产出整洁亮泽、风味浓郁的无公害食品，正适应了人们讲究营养保健的高品位心理。

3)调节熟期、充分利用劳动力资源　设施栽培的主要工作在冬春两季，可充分利用此时闲劳动力进行生产。还可根据品种和成熟期合理运用扣棚时间来延长成熟期，调节市场，创造更高的价值。

4)回避自然灾害　设施栽培可免除寒流、霜冻害、风雨、雹害的袭击，稳定生产。尤其比较严寒不能露地栽培李的地区可顺利进行生产。

5）投资大、技术性强　设施栽培需要一定的建筑材料，保温防风材料，所以比露地投资大，成本高。还要精工细作，技术要求较为严格，必须认真操作。

71 李设施栽培有几种类型？

按结构和覆盖材料的不同可分为两大类，即温室和塑料大棚；按建筑形式可分为钢架组装式温室和有后墙日光温室；按覆盖材料可分为玻璃、聚碳酸板、单层及多层薄膜温室；按有无人为的能源供应可分为加温温室和不加温温室。我国目前果树设施栽培应用的温室类型主要是塑料薄膜日光温室，即前屋面通常覆盖塑料薄膜，其室内的热量来源主要靠太阳辐射的温室。

72 塑料薄膜日光温室的主要结构特点是什么？

基本结构　从简便易行节省投资的角度考虑，其基本结构为钢架或钢架竹木结合结构，无支柱或少支柱，圆弓形前屋面，上覆无滴长寿塑料薄膜，活力或固定式后屋坡，白灰挂表土墙，温室坐北朝南。

温室的高度　温室过高不利于保温，过低种植空间太小，因而需要设计适宜的高度。决定温室高度的主要因素一是温室所处地区的地理纬度，二是温室内所植的植物种类对高度的要求。就李树而言，其树高一般可控制在2～3米之间。由于树最高处与塑料薄膜之间要有0.5米以上的间距，这样温室的脊高3.5～4.0米为宜。

温室的跨度　在给出高度参数后，确定跨度主要从采光面角度、架面承受力、接盖草帘的难易程度来考虑，由于增加了脊高，温室的跨度一般以8米为宜。

温室的地窗和前屋面　地窗和前屋面是温室光热的主要来源

部位，因而合理的设计将提供给果树最多的光能和热能。

1)地窗高度　为了尽量使靠近地窗的李树能增加高度，在不影响采光面角度的情况下，地窗高度在南部可以增加到1.2~1.5米。这样不仅有利于靠近地窗的李树生长和生产操作，而且也增大了温室内的整个生长空间。

2)前屋面的水平投影长度　在河北省中南部，春季前屋面温室理论进光率达到95%时的前屋面以20°左右较为合理，那么经计算前屋与地面的净投影长度可以取到6.3米。

3)地窗的角度　地窗高度为1.5米、水平长度为0.5米时，地窗的角度可以取到71°。

温室的后屋面和墙体　由于增加了温室的高度，因而在墙的高度上也要适当加高，其高度与后屋面有一定的联系。

1)后屋面的角度　由于温室中的果树一般控制在大寒以后开花，为了能在大寒前后，有较长时间使后屋面内侧得到直射光，设计后屋面角度应大于当地大寒时中午太阳高度角的8°~10°。在北纬35°地区，大寒时的太阳高度角为34.49°，这样后屋面角度应为45°左右。后屋面可以采用活动式(钢架屋面)或固定式(钢架竹木结合架面)。

2)后屋面的长度　在确定后屋面的角度之后，其长度便以其水平投影长度而定，为了北侧采光良好和兼顾作业道，从经验上水平投影长度以1.2米为好，这样后坡的长度便为1.7米。

3)墙的高度和结构　由于温室的高度要求达到3.5~4.0米。除去后屋面的高度外，温室的墙体必须达到2.3~2.8米。那么，从形式上讲，这种温室是一种高强体短后坡的结构。墙体可以采用土壤，一般底部为1.0米，上部0.8米，外皮用白灰挂表，墙顶部平面用砖平砌2~4层为宜。东西两山墙也采用此类墙体，但在高度上，要随架面的拱度来变化。

温室的拱架　温室的拱架最好采用钢架，一般选用2厘米粗的钢管与1厘米粗的钢筋，组成“V”字形的二弦拱架，间距为1米，为增加其稳固性，可在全部钢架组装好后，再在东西方向上焊接三根横拉杆。也可采用钢架与竹木结合的拱架结构，一般每3米先架一个上述二弦钢架，然后将单个钢架用三个东西方向的横杆连接起来，再在横拉杆之间，每隔0.4米拉一道铁丝，形成悬空式横行架梁，然后每隔0.5米架一根竖向竹竿，此结构可节省开支，但稳定性较差。

温室采光面形状 从最大限度地获得太阳能来讲，采光面以曲面最理想，但又要照顾保温材料的覆盖严密度，所以目前采光面的形状，大都采用近似圆弓形屋面。

塑料透明屋面的保温材料 大量实践证明，尽管温室内的果树花期已躲过最寒冷季节，但不覆盖保温材料，果树生产效益均较低，所以必须在前屋面覆盖保温材料，可选用蒲草、稻草、谷草、苇子等编织的草帘，要求长度大于10.6米、宽1.6~2.1米、厚4厘米左右。

温室防寒沟 在温室外面的四周应设置防寒沟，以隔断室内热量喝室外冷量的相互传导。防寒沟可以挖成深0.3~0.6米、宽0.4米左右的沟，沟内填充隔热物，如麦壳、锯末、稻草、禽粪等，一般需两年更换一次。

温室的长度 一般可取到60~80米。过短东西山墙遮阳，光照差，散热面积比例增大，降温增大，降温迅速，不利于保温；过长生产操作困难，简易温室还会出现结构变形。我国北方地区冬季进行李保护地生产所采用的塑料薄膜日光温室的主要参数见表7。

表 7 塑料薄膜日光温室的主要参数

项目	参数
建造方位	正南；可稍偏西，但要小于 5°
南北跨度	6~8 米，纬度越高跨度越小
棚长度	40~80 米
棚矢高	3.2~3.5 米，随纬度升高而加大
屋面角	50°至当地冬至太阳高度角
仰角	大于 30°
后墙高度	1.8~2.5 米，依中柱高度和仰角定
后墙厚度	60~120 厘米，纬度越高，厚度越大
塑料薄膜	0.08~0.12 毫米厚的无滴抗老化膜
出入口	开在后坡或东坡
通风口	一排在屋脊处；另一排开在后墙上，离地 1~1.5 米处，东西相隔约 3 米
防寒沟	深 30~50 厘米，宽 30~40 厘米，依冻土层深度而定
草	稻草或蒲草制，4~5 厘米厚，1.2~1.4 米宽，长度比前屋面长出 20~40 厘米

特别提示

主要结构都要有利于增温，抗寒，适宜李树的营养生长与生殖生长。

73 李树日光温室栽建园需掌握哪几个关键环节？

正确选择园址 园址的选择可参照露地栽培条件下进行，除此之外还应注意以下几点：

1）设施栽培地点应注意地势开阔、地形平坦，东、西、南、三面不应有任何遮荫物，以利于设施内李树充分利用光能。

2）园址应靠近水源，以求灌溉方便，最好附近有深水井。一般来说，5 米以下的井水是恒温水，水温达 15～17℃，很适合设施内李树的灌溉。河水、地表水冬季太凉，对设施内李树易产生不良影响，一般不宜直接利用。

3）园址应建立在交通便利地段，但不能紧靠公路，以减少尘土污染。要尽量避开污水和有害气体的污源。

选择适宜的品种 为了提高设施栽培的经济效益，应选择早熟或中熟大果、品质优良、丰产品种作为设施栽培的主要品种。根据近年来各地设施栽培的实践，适合于设施栽培的李树品种主要有大石早生、莫尔特尼、长李 15 号和美丽李。

确定合理的栽植密度及方式 设施栽培应以早结果、早丰产为目标，而密植栽培是早果丰产的前提，确定栽培密度应根据品种特性立地条件和栽培管理水平等因素来决定，一般来说，株行距可按 1～1.5 米×1.5～2 米，每亩栽 200～300 株。当树体长大，树冠郁闭，影响产量形成时，要逐年间伐临时株。间伐时，可采用隔行、隔株同时间伐的方法。对于萌芽成枝力强、幼树生长旺盛的大石早生可采用 2 米×3 米或 2.5 米×4 米的株行距栽植为宜。栽植方式，以宽行密植的长方形为好，使其南北成行，这样有利于通风透光和行间间作。

目前生产上设施李树的栽植方法有两种，第一种是按设计好的栽植密度于秋季定植，然后建立温室，李树度过生理休眠后即开始升温，这样做可以延长李树的生育期，加速李树的生长，有利于李树早期结果和受益，但结果前的投入较高，管理用工较大费用较高。第二种是按温室的位置和规模要求，先栽树建园，在露地条件下对李加强管理 2～3 年，开始大量结果前建温室，建成后即可收益。这样做树体管理比较方便，生产成本低，不足之处是开始受益年限较前一种方法晚 1 年，生产上第二种类型的栽植方法居多。

选择适宜的砧木 适合于李的砧木有毛桃、山杏、毛樱桃等，但在设施栽培条件下为了控制树体的高度，除了人为采取整形修剪和化学控制方法外，最好的方法是选用毛樱桃做李树的矮化砧木，这对控制树体的高度效果十分明显，对提早结果和早期丰产效益显著。有关授粉树的配置技术可参照露地栽培条件下进行。

特别提示

适宜的园址，适宜的品种，合理的栽植密度及方式，合理配置授粉树是日光温室生产李的重要前提。

74 李树日光温室栽培如何确定温室升温时间？

温室升温时间主要决定于栽培品种的休眠期。李树休眠期比较深，休眠期长短是由≤7.2℃的低温需冷量来计算的，中国李的需冷量一般为700～1000小时，欧洲李一般为800～1200小时。升温开始的时间应在达到低温需求量时进行。如果低温量不足，则发芽迟而不整齐、花芽脱落或迟而不齐。据西元直行报道，在日本鹿儿岛县(北纬31.5°)，大石早生李休眠期需要≤7.2℃的低温量998小时。在我国华北地区，李树一般在1月中旬即可解除休眠。日光温室在11月中旬李树落叶后，就扣上塑料薄膜、草帘，在黑暗中约1个月，通过开闭风口来调节室内的温度，使室温保持在零下2～5℃左右，为极有效休眠温度。至翌年1月中旬，棚室内李已通过自然休眠即可升温。

特别提示

掌握李栽培品种的休眠期，温室升温的关键。室温保持在零下2～5℃左右，为极有效休眠温度。至翌年1月中旬，棚室内李已通过自然休眠即可升温。

75 李树日光温室栽培如何促花?

加强土肥水管理 自7月上旬开始，每隔20天左右追肥1次，肥料种类应少氮多磷、钾。棚室面积在333.3平方米以上，可每次每棚用2千克尿素，2千克磷酸二氢钾。此期应适当控水，如土壤墒情好，一般不浇水。雨季及时排水防涝，雨后可中耕松土并结合除草。

增施叶面肥 每隔10天左右喷布1次叶面肥料：0.3%磷酸二氢钾+0.2%光合微肥。可结合喷药喷布。

夏季修剪 拉枝是控旺促花的有效途径。当骨干枝长到50厘米左右时，应及时疏除背上旺梢和外围竞争梢、内膛密生梢。适当控制二次梢的萌发生长，摘心促花。

特别提示

加强土肥水管理，增施叶面肥。

76 李树日光温室栽培扣棚前如何管理?

扣棚前冬季整形修剪

1）适宜的树形 设施内的李树，一是要求树体能迅速展开成形，尽早结果；二是要求冠型小而紧凑，营养生长不能过旺；三是要求能适应大棚高度的限制，做到树体低矮，高度一般控制在1.5~3米；四是要求与大棚空间大小不一的特点相适应。棚内空间大小不一样，坐北朝南，东西延长的日光温室大棚，南边空间小，中间、北边空间较大，针对上述特点，棚南边行的李树常采用自然开心形，中间的李树多采用小冠疏层形，北边的李树多采用细长纺锤形树形。

2）合理进行修剪 11月至12月上旬，采用拉枝、撑枝、坠枝等方法来降低李树高度，使之低于大棚膜面 20～40 厘米修剪时疏除挡光大枝、密生枝、过大过高枝组、衰弱枝，对强壮枝可适当长留，长硬枝应缓放不剪，并尽量多留花芽。对内膛直立枝，可从基部疏除。

扣棚前土壤管理 在 9 月中旬至 10 月中旬，结合土壤深翻施入充分腐熟的有机肥，使用数量视土壤质地而定，沙性土可适当多施，每棚(333.3～400 平方米)可施入 2000～3000 千克，黏土地可适当少施。施肥后充分灌水。在施有机肥地同时，可适当掺施过磷酸钙、锌肥、硼肥等无机肥料。

覆盖地膜 在李树设施栽培中，为了使盖棚后地温、气温协调一致，一般在扣棚前 20～30 天覆盖地膜。过晚(临近扣棚)覆膜或扣棚后再覆膜，往往对提高地温作用不大，甚至会使土温上升更慢。覆膜时，要使地膜与地面紧密接触，松紧适中，展开地地膜无折皱、无斜纹，地膜边缘入土深度应达到 5 厘米，并且尽量垂直压入沟内。为使以后施肥、浇水方便，可在膜上扎一些眼。

特别提示

扣棚前要合理修剪，加土肥管理，覆盖地膜。

77 李树日光温室栽培扣棚后如何管理?

严格控制温度

1)气温调控方法 温室气温的调控包括两个方面，一是增温(升温和保温)；二是降温。日光温室的温度主要来源于自然光照，温室温度的增加，首先要从温室的结构和材料下工夫。温室建造结构要合理，要最大限度地吸收自然光，选用导热率小的材料，适度加厚后墙、山墙和后坡，建半地下室等。温度的管理措施主要有：用开闭通风口的方法保温或降温；气温低，晚上覆盖草帘保温，气温过高，白天覆盖苇帘等遮光降温；覆盖物的数量和覆盖时间，依据第二天早上揭帘时的温度来衡量，一般必须保证使次日揭帘时温度在适宜范围内，如果头天盖帘时间宜适当提前，反之则可推迟。但要注意，过早盖帘会减少室内光照时间。另外，温室内堆草和设水袋也可进一步提高温室的保温效果，设置水袋是在行间放置直径约25厘米的塑料软管，管内装清水，水量可增可减，每平方米水量达到50千克时，约可增夜温1～2℃，每平方米25千克时，可提高0.5～1.0℃。

2）地温调控方法　增施有机肥，以提高土壤的贮热保温能力；高垄栽培和地面覆膜盖草，可增加地面吸热面积，保存土壤中热量，以防过多散失；可考虑行间埋下酿热物；夏季可用傍晚浇水的方法降低低温。

3）特殊温度下的应急措施　夏季如遇特殊高温，放风还不能解决问题，可用喷水或灌水的方法降温；冬季遇到特殊情况，温度降到临界低温时，应用火炉或火盆加温。

4）几个关键时期的温度调控

第一，开始升温至开花前：升温前先提高低温，对稳定棚内温度极为重要。据测定，地温每升高1℃，相当于气温提高2～3℃。为使低温保持在1℃以上，可在扣棚后覆地膜。李树从萌芽到开花所需≥0℃积温一般为350℃左右。如果秋后盖草帘降温，李树经历了黑暗休眠期，开始升温时，应逐渐揭开草帘，先揭1/4、1/3、1/2，3～4天后全揭开，见光升温，并全部打开通风口；晚上不盖草帘，使温度不致升的太高；白天保持在10～20℃，夜间不低于0℃。第四至第十天，白天全开通风口，晚上关闭通风口保温；如遇较冷天气，需加盖草帘等。以后，白天根据温度情况，局部或全部打开通风口，温度控制标准为：萌芽前，白天15～22℃，夜间不低于0℃，花期前最高气温不宜超过24℃，最低不低于5℃。注意：此期正值一年中最寒冷季节，光照时间短，而且阴雪天较多，升温困难，一定要做好保温工作，必要时可挂双层膜或增加草帘等覆盖物的厚度。

第二，花期温度：李树花粉发芽对温度的要求不很严格，在18℃以上发芽良好，花期温度过高，会缩短花期，也易使柱头失去活力，容易造成大量落花，影响坐果率。因此，开花期的温度应适当降低白天温度，升高夜间温度。白天温度控制在15～18℃，最高不超过23℃，夜间7～8℃，最低不宜低于6℃。此期的温度要尽量保持平稳，使15～18℃温度尽量维持时间长一些。利用通风口降温，通常先放顶风，如温度继续升高，可再放脚底风，但最好在脚底风口处设一围膜，避免冷风直接吹李树。

第三，果实生长期温度：果实生长期以升温为主，后期以降温为主，并适当增大温差。果实第一速长期的温度，白天不超过28℃，否则前期易引起生理落果，夜间一般不低于7℃，短时间不低于5℃，此期一定要防止温差过大，以免造成落果。特别是果实长到黄豆粒大小时，温度不能高于30℃以上，否则落果严重。果实缓慢生长期(硬核期)，前期与第一速长期相似，后期温度白天不超过30℃，夜间不低于8℃。果实第二速长期的温度，白天25～31℃，最高不超过32℃，否则易引起裂果。为增大昼夜温差，提高过时品质，夜间温度略低于14℃，如果外界夜间气温在10℃以上时，可不盖草帘。

严格控制湿度

1)土壤湿度调控　温室内土壤湿度调控主要措施是灌水，包括灌水适期的确定，做到不需要水尽量不给水；灌水量的确定，一般一次灌水量不宜太大；灌水方法，以沟灌、膜下软管滴灌、地下灌等为好。

2)空气适度调控　温室内空气相对湿度大，几乎达90%以上，甚至达到100%。由于空气湿度大，其蒸腾量只有露地的70%。光合作用也会受到一定的影响。李树在不同生育期要求空气相对湿度不同。萌芽前80%左右，花期45%～65%，果实生长期60%～70%，近成熟时50%～60%。塑料日光温室没有增温设施，放风降湿会降低温度，尤其在早上，不宜实施早放风的方法，而应以继续闭温室，以提高温度来降低相对湿度。防高湿措施：地面覆膜，不仅可以提高地温、改善近地光照，同时还可以减少土壤水分蒸发，有利于降低空气湿度；在行间地面均匀铺上稻草、麦糠、麦秸等，同样可以减少水分蒸发，降低空气湿度，覆盖物腐烂还可以放出二氧化碳；浇水时尽量避免大水漫灌，采用滴灌、膜下或草下沟灌，及时中耕保墒，减少水分蒸发。

调控好光照

1）适时揭盖不透明覆盖物：正常情况下，揭帘后室内气温下降1～2℃，约经10～20分钟后室温开始上升，这样，揭帘时间比较适宜。若揭帘后没有湿度的下降过程，直接上升，则说明揭帘偏晚，白白浪费了一段光照时间。傍晚盖帘时间，要依据李不同生育期对温度的要求确定。如白天室温过高时，宜加大放风量降温，局部放帘虽防高温但不利于光照。

2）充分利用散射光：直接光可以提高室温，散射光明有利于提高产量，阴天也要揭帘，以充分利用散射光。

3）张挂农用反光膜和地面覆膜，以提高下部光照强度。

4）及时清洁膜面，增加覆膜的透光率。

5）人工补充光照：设施内安装白炽灯和卤钨灯，冬季光照不足时使用。

二氧化碳调控 二氧化碳是李树光合作用的主要原料，自然界空气中二氧化碳的浓度不会因光合作用而有较大的变化，一般保持在0.03%左右。温室内则完全不同，由于温室的密闭性，白天李进行光合作用，二氧化碳浓度常低于0.03%尤其冬春严寒季节，因低温而不易通风的情况下，其浓度有时会降到0.01%以下，接近二氧化碳补偿浓度临界值(0.005%)。据研究，二氧化碳浓度从0.03%左右提高到0.1%左右时，光合速率可增加1倍多；当二氧化碳浓度降到0.02%时，生产力就会收到影响。

二氧化碳的调控措施：早晨一般不放风，以保持一夜之间形成的二氧化碳浓度；利用温室后坡下、植株下等闲散地种植食用菌，食用菌生产过程中，一般吸收氧气，呼出二氧化碳，这样不但增加了温室二氧化碳浓度，还充分利用了土地，增加了温室的效益；大量施用有机肥，依靠它们的分解补充二氧化碳，一般不会出现二氧化碳的严重亏缺，温室内每年每平方米土施4千克充分腐热的纯厩肥，室内二氧化碳浓度可长时间稳定在0.07%～0.08%；施入8千克时，二氧化碳浓度可稳定在0.15%左右

采用碳酸盐和强酸反应也可产生二氧化碳。利用碳酸氢铵与硫酸反应的操作方法为：在温室内每10立方米设置一发生点，将市售98%的浓硫酸按重量比水：硫酸=3：1的比例，将水缓慢倒入硫酸中进行稀释，再分别倒入各个发生点的非金属容器中，然后根据所需浓度，将适量的碳酸氢铵缓慢倒入发生点容器中，让其进行反应。将温室保持密闭状态2小时以上。释放时间以上午8：00～8：30为宜。每发生点每日使用稀硫酸0.15千克，能使二氧化碳浓度达0.13%。

在二氧化碳的使用上应注意以下事项：施用时间在揭帘后半小时，通风前半小时停止施用；施用浓度，晴天0.1%～0.15%，低温阴天不宜施用；施用二氧化碳要与其他措施配套，如白天温室提高2～3℃，晚上降低1～2℃，增加光照等；施用二氧化碳不要突然停止，要逐步减少浓度。

花果管理

1）搞好辅助授粉　李品种绝大多数是严格的异花授粉植物，自花不孕。而且李树设施内虫少风小，缺乏露天条件下的授粉途径与媒介，加之在保护地条件下李树花粉活力相对低一些，因此，必须进行辅助授粉。李树扣棚后，正常情况下升温40天左右便进

入初花期。此时进行辅助授粉至关重要，可采用人工授粉和蜜蜂、壁蜂传粉方式来实施，方法可参照露地栽培条件下进行。

2）搞好花期环剥　在李树谢花后，于主干进行环剥，宽度为主干直径的1/10，此法可明显提高李树的坐果率。

3）合理疏果　为促进果大而整齐，提高品质和价格，减少养分消耗，降低生理落果，一般在花后3～4周进行疏果，疏果方法和标准可参照露地栽培进行。

4）利用植物生长调节剂提高坐果率　方法可参照露地栽培进行。

肥水管理

1）追肥　果实膨大初期、硬核期两次追肥，每次每株追尿素50克、磷酸二氢钾50克。追肥后结合中耕浇小水，以上部土壤水分与下层湿土相接为宜，不能大水漫灌，否则会导致温室内湿度过大，梢叶徒长和生理落果偏重。

2）叶面肥　花后2周叶幕形成后，结合叶面喷药进行多次叶面追肥，每2周进行1次，其配方是：0.2%尿素+0.2%磷酸二氢钾+0.2%光合微肥。

3）温室浇水　结合施肥进行土壤浇水，其他时间视土壤墒情而定。

4）新梢管理　设施内高温多湿，应防止新梢密生徒长，造成营养竞争，而使果实生长受阻，加重生理落果。因此，必须加强对新梢的管理工作。萌芽后，首先将着生部位不当的芽抹除。坐果后，为避免与果实争夺营养，等新梢长到15～20厘米时反复摘心，以促发二次枝，扩大树冠。与此同时，疏除直立枝、过密枝和无果枝，可以改善光照条件促进花芽形成。采果4～6周后回缩过旺结果枝，并适当短截部分新梢。

特别提示

扣棚后一定控制好各个生长期的温度、湿度、光照和二氧化碳浓度，加强土肥水管理及病虫害防治。

78 李树日光温室栽培如何做好越夏管理？

李树经过大棚栽培，一般于5月初采收果实。随后，棚膜将被揭去，李树又将在露天条件下进行生长发育。这时，所遇到的问题便是老枝叶的衰老与更新，新梢的加速生长，和根系发育的重新开始。由于我国夏季的高温多湿气候条件所造成的枝条补偿性生长，使光照恶化，通风透光差，树体衰弱，病虫增加，花芽分化不利，影响李树下一年的产量和效益。因此，李树大棚栽培在揭膜后的主要管理内容是，让李树合理生长，不致徒长；促进发芽分化，解决养根壮树，持续性生产（不隔年结果）问题。李树越夏管理的具体技术如下。

加强夏剪 增加夏季修剪用工量，及时抹芽、抹梢、摘心、疏梢，控制旺长。在8月上、中旬，要重点抹除和疏去背上直立新梢、过多过密的新梢和下垂拖地枝与细弱枝。每条骨干枝的延长头只保留1枝方向适当的一次或二次旺长新梢，其余新梢都予疏除。要回缩过旺的结果枝，果台梢前只留1条平斜新梢，回缩节间过长和生长不充实的新梢，以及直立生长的过高过大的枝组。要适当短截部分遮阳的新梢。对骨干枝和结果枝组上的新梢，待长到25厘米左右时即摘心。到6月下旬，共摘心2～3次。

控长促花 利用多效唑控制旺长，促进成花。使用时间约在5月份，土施每株8～10克，叶喷浓度为500～1000毫升/千克，连喷2～3次。

加强肥水管理 采果揭膜以后，要及时追施有机肥和磷、钾速效肥，减少氮肥施用量。要加强叶面追肥，提高叶片光合效能，增加树体营养贮备。根据李树怕涝的特点，雨季要注意排水，防止积涝伤根，进而对地上部产生不良影响。

特别提示

此期间的关键是让李树合理生长，又不致徒长；促进发芽分化，养根壮树，保证持续性生产。

7

李露地栽培土肥水管理及营养诊断

土肥水管理是李露地栽培的重要基础。正确施肥，既能满足李生殖生长和营养生长的养分需求，又不污染果实，才能生产出无公害李。本章详细介绍土壤管理模式、土壤改良技术、合理间作、果园覆盖、果园生草；介绍施肥原则、生产无公害李对肥料的要求、有机肥、腐殖酸肥、微生物肥的种类；还介绍大量的国内外关于一些重要营养元素对李的生理功能、缺素症状及诊断指标；秋施肥的优点及操作技术，追肥时期、用量、方法；李灌水技术，包括灌水时期的掌握和灌水方法的选择。回答了果农所关心的李露地栽培土肥水管理中所存在的具体问题。

79 李园如何进行土壤管理？

土壤是果树生长与结果的基础，是水分和养分供给的源泉。土壤深厚、土质疏松、通气良好，则土壤中微生物活跃，就能提高土壤肥力，从而有利于根系的生长和对肥水的吸收，对生产高档的优质果品有重要意义。

土壤改良 李树是浅根性果树，它喜生长在土层较厚、结构疏松的沙质壤土中，土层小于50厘米或过黏过沙均对李树生长不利。长期以来，由于李树的耐瘠薄的能力较强，所以多数李园建立在山地、丘陵和沙滩薄地上，果园土壤改良就成为一项突出工作。

土壤改良离不开深翻和增施有机肥，深翻必须与施肥结合起来，在改土的同时保证幼树正常发育，并在幼树发育期和初结果期完成深翻改土。深翻改土是果树生产的基本功，其作用是非常明显的。1985~1989 年辽西 1500 万株低产树改造，深翻 80 厘米，压绿肥 100 千克，0~60 厘米土层的含水量增加 3.25%，土壤容重减少 0.17 克/厘米^3，土壤孔隙度增加 6.54%，土壤空气含量增加 10.42%，0~40 厘米土层有机质含量增加 0.3185%，全氮增加 0.0175%，全磷增加 0.0229%。改土 3 年，国光苹果树的总根量增加 3.59 倍，20~60 厘米土层的根量占 70%，而未改土的 0~20 厘米土层占 60%。

1986~1987 年，改土的国光苹果顶芽冻害率减轻 9.23%，干周年增长量增加 1.21 厘米，百叶重增加 13.4%，叶片叶绿素含量增加 0.3 毫克/分米^2，花序坐果率增加 17%，平均株产增加 9 千克，而对照树株产只有 4 千克。

深翻时间可选择在早春化冻后及夏初雨季前进行，但最适宜深翻时期是果实采收后，结合秋施基肥、蓄水灌溉同时进行，以 8 月中下旬~9 月上中旬为最佳时间。此时深翻，根系伤口容易愈合，且易发新根，有利于李树第二年的生长发育，同时深翻后经过漫长的冬季，有利于土壤风化和蓄水保墒。

合理间作 幼龄李园或株行距较大成龄李园，空地较多，光合面积少，光能利用率低。进行合理间作可充分利用土地和光能，增加果园收入，以短养长，以园养园，同时间作物对土壤起到覆盖作用，可防止土壤冲刷，减少杂草危害。

1）间作物种类 应选择适宜的间作物，适宜的间作物应具有生长期短，植株矮小，根系分布浅，吸肥水较少，且多量的吸肥水期与李树需肥水期错开，与李树没有共同的病虫害等特点。应首选具有提高土壤肥力、改良土壤结构作用大的作物，如豆类、西瓜、蔬菜、草莓以及药用植物(丹参、党参、沙参、白芍、天南星等)和禾谷类作物等。

2)间作方式　一般株间留出清耕带，行间种植间作物。清耕带宽度依树龄、树冠大小而定，一般3年生以前的幼树园留1.5米，3年生以后留2米为宜，以后逐年加宽。

间作物选择应因地制宜，土壤瘠薄的远山果园，可间作耐瘠薄的谷子、豆类、中药材和绿肥；近山果园，可选谷子、绿肥、薯类；河滩果园可间作西瓜、花生、豆类、薯类等；肥水条件好的果园也可适当间作蔬菜、草莓等。

果园覆盖　果园覆盖即利用地膜、秸秆和杂草等植物体覆盖土壤，它可以防止水分蒸发，减少地面径流，增加土壤有机质，调节土温，促进有益微生物活动，为根系创造良好的生活条件。实践证明，果园覆盖是一项提高幼树成活，加速幼树生长，促进幼树早结果、早丰产和实现稳产、高产以及提高果品品质的先进技术，尤其对旱地果园更具有重要意义。此项技术近年来被大力推广应用。

1)覆盖时间　覆盖时间因覆盖物的种类不同而有所区别。覆膜通常在早春，也可在秋季进行；覆草一年四季均可进行，但应避开早春气温回升期。

2)覆盖方法　覆草范围一般为盖住树冠垂直投影下的整个地面为宜，若草量充足时可进行全园覆盖。覆草厚度一般为15～20厘米，覆草后要适当拍压。覆草经过3～4年的风吹、雨淋、日晒，大部分分解腐烂后可一次结合深翻入土，深翻后继续进行第二次覆草，如此反复。

果园覆膜随地形和树龄而定，新栽幼树一般覆盖1平方米。山地果园树盘修成外缘稍高，以充分利用自然降水，使水分汇集到树干下渗；平地果园则整行覆膜。覆膜大小根据树冠大小决定覆盖1幅或双幅薄膜。也可采用上半年覆膜，后半年撤掉地膜改用树下覆草，这样既能达到早春增温保湿，又能增加土壤有机质和防止夏季地温上升过高对根系的损害，减慢秋季土温下降速度，这项措施特别是对早春干旱、低温和土壤肥力低的果园极其有效。

果园生草技术 果园生草是世界许多国家都在大力推广的一种土壤管理新技术。它与传统的清耕法相反，通过果园内人为种草达到土壤管理的目的，是解决我国李园有机肥施用不足，有机肥源短缺的有效途径。

1)生草的作用 长期的生草可以减少地表径流，提高土壤水渗透率，降低风和水对土壤的侵蚀，增加土壤有机质，改善土壤理化性状，促进土壤有益微生物的繁殖和生长。比清耕法省工省力，节约生产费用；控制杂草生长；增加蜜蜂和害虫天敌数量；提高果树营养水平，增加果实产量，改善果品品质。在果园积水、道路泥泞时工作人员和机械可照常作业。

2)生草方法 果园生草一般是在当果树在3年生以后不能间作其他作物时进行，多采用行间生草，果树行距在3米的，在行间可种草2行，树行距在3.5~4米的，可在行间种3~4行，草株行距为20厘米×40厘米。每年对生草可以刈割2~3次，覆于树盘、树行。对多年生草可每隔5年翻压1次，翻压深度，以15~30厘米为宜。

3)生草种类 一般应选用与果树争水争肥矛盾小，对果树郁闭度低且不易感染病虫害的草种。北方果园应选用耐寒、耐旱和耐瘠薄的种类，如三叶草、毛叶苕子、百脉根、小冠花、、沙打旺、草木犀和紫穗槐等。

特别提示

管理的关键是深翻改土，合理间作，果园生草，果园覆盖。

80 李施肥原则是什么?

肥料质量必须符合国家标准或行业标准的有关规定 生产无公害果品所施的肥料必须符合以下要求：肥料质量必须符合国家标准或行业标准的有关规定。肥料中不得含有对果实品质和土壤环境有害的成分或有害成分严格控制在标准规定的范围之内。商品肥料必须获得国家农业部或省级农业部门的登记证书(免于登记的产品除外)。

充分腐熟发酵 农家自积自用的肥料必须经高温腐熟发酵，以杀灭各种寄生虫卵和病原菌、杂草种子，使之达到无害化卫生标准。农家肥料是指就地取材、就地使用的各种肥料，它由含有大量生物物质、动植物残体、排泄物、生物废物等积制而成。包括堆肥、厩肥、沤肥、沼气肥、绿肥、作物秸秆肥、饼肥等。商品有机肥料是指按国家法规规定，受国家肥料部门管理，以商品形式出售的肥料，包括腐殖酸类肥、微生物肥、有机无机复合肥。

施用量合理 无公害果品生产不是不可以使用化肥特别是氮肥，而是要科学地掌握施用量。如尿素、磷酸二氢钾、硫酸钾、过磷酸钙、果树专用肥等，但最后一次施用无机化肥必须在采果20天之前。

无公害李树生产禁止使用的肥料主要有：不符合相应标准的肥料，未办理登记手续的肥料(免于登记的产品除外)，未经无害化的有机肥料，含有激素、重金属超标的对果树品质和土壤环境有害的肥料，如城市垃圾和污泥、医院的粪便垃圾和含有害物质的工业垃圾等。

特别提示

肥料品种的选择，肥料用量都必须符合无公害要求。不符合标准的肥料，未经无害化处理的有机肥料，含有激素、重金属超标的对果树品质和土壤环境有害的肥料都不得使用。

81 生产李所需的肥料种类有哪些？

有机肥料 从广义讲，一切含有有机物质，经发酵分解能释放出养分供植物利用的有机物质均可称有机肥料。主要来源于动植物体，有机肥料含有丰富的有机质和植物所必需的各种营养元素，还含有促进植物生长的有机酸、维生素和生物活性物质，有机肥料是养分最齐全的天然肥料。因其一般不含人工合成的化学物质，直接来源于自然界的动植物，被认为是生产有机食品的唯一肥料、生产无公害农产品的首选优质肥料。根据有机肥料的资源特性、性质功能和积制方法，将有机肥料归纳为粪尿肥、堆沤肥、秸秆肥、绿肥、土杂肥、饼肥、海肥、腐殖酸、农业城镇废弃物和沼气肥等10大类。

腐殖酸类肥料 腐殖酸类肥料是一种含有腐殖酸类物质的新型肥料，也是一种多功能的有机无机复合肥。这类肥料以泥炭等富含腐殖酸物质为主要原材料掺和其他有机无机肥料制成的，品种繁多，目前常见的有腐殖酸铵、硝基腐殖酸、腐殖酸钠、黄腐酸、腐殖酸复混肥等。

泥炭(草炭)、褐煤、风化煤是重要的腐肥，同时又是各类腐殖酸类肥料的原料资源。它们主要含有机质、腐殖酸以及氮、磷、钾等营养元素。泥炭一般含有机物质40%～70%，腐殖酸20%～40%，碳氮比为10～20，pH4.5～6.5，全氮1.2%～2.3%，全磷0.17%～0.49%，全钾0.23%～0.27%；褐煤干物质中的粗有机物质为 12% ~ 23%，全氮 0.30% ~ 0.44%，全磷 0.03% ~ 0.05%，全钾 0.31% ~0.72%；而风化煤干物质中的粗有机物质为 17% ~40%，全氮 0.24% ~0.50%，全磷 0.04% ~0.08%，全钾 0.51% ~0.82%。泥炭、褐煤、风化煤采集后晒干粉碎即可使用，能改良土壤和提高肥力，特别适合于黏性和砂性大的土壤；可作为泥炭营养土使用；作菌肥载体和腐殖酸类肥料的原料。高位泥炭(贫营养型泥炭)酸性很强，宜加入石灰或草木灰等中和后沤制成堆肥或厩肥后施用。

腐殖酸类肥料物料投入比不同，制造方法不同，养分含量差异很大，在施用时需适当掌握，浓度低达不到预期效果，浓度高有抑制作用，最好在试验基础上使用。腐殖酸类肥料不能替代化肥和农家肥，必须配合使用，尤其与磷肥配合施用效果更好。腐殖酸钾、钠为激素类肥料，一般在 18℃以下使用，使用时需要将 pH 调节降到 7 ~ 8 方可使用。钙、镁等含量高的原料煤不宜作腐殖酸磷肥，以防磷固定。腐殖酸铵只有土壤水分好才能发挥肥效。腐殖酸系列有机复合肥，各品种间的养分功能、改土功能和刺激功能的差异很大，互相不能替代，要根据目的选择使用。

微生物肥料 微生物肥料是指一类含有活微生物的特定制品，应用于农业生产中，能够获得特定的肥料效应。可将微生物肥料分为两类：

一类是通过其中所含微生物的生命活动，增加了植物营养元素的供应量，导致农作物营养状况的改善，进而增加产量。

另一类是广义的微生物肥料，其制品虽然也是通过其中所含的微生物生命活动作用使作物增产，但它不仅仅限于提高植物营养元素的供应水平，还包括了它们所产生的次生代谢物质，如激素类物质对植物的刺激作用，促进植物对营养元素的吸收利用，或者能够拮抗某些病原微生物的致病作用，减轻病虫害而使作物产量增加。

微生物肥料是将某些有益微生物经大量人工培养制成的生物肥料，又称菌肥、菌剂、接种剂。其原理是利用微生物的生命活动来增加土壤中的氮素或有效磷、钾的含量，或将土壤中一些作物不能直接利用的物质，转换成可被吸收利用的营养物质，或提高作物的生产刺激物质，或抑制植物病原菌的活动，从而提高土壤肥力，改善作物的营养条件，提高作物产量。根据其肥料功效大致可分为以下几类：

①加土壤氮素和作物氮素营养的菌肥，如根瘤菌肥、固氮菌肥、固氮蓝藻等；

②分解土壤有机质的菌肥，如有机磷细菌肥料，综合性菌肥；

③分解土壤难溶性矿物质的菌肥，如无机磷细菌肥料、钾细菌菌肥；

④刺激植物生长的菌肥，如抗生菌肥料；

⑤增加作物根吸收营养能力的菌肥，如菌根菌肥料。

特别提示

重视有机肥、腐殖酸类肥料、微生物肥料的应用，但肥料必须符合质量标准。

82 如何进行李园土壤营养诊断?

首先在李园选取具有代表性的土样，按分析要求采取土壤样品。通过室内常规分析或野外速测，测定土壤养分。再结合长期研究数据以及当地实际情况，判断土壤中某养分的丰缺状况。进行土壤分析诊断，必须借助一定的仪器设备，且要具有一定的专业知识，实际应用时，果农可与有关科研单位及农化服务部门协商，取得必要的指导。

特别提示

供分析的土壤必须有代表性，按分析要求采土壤样品。

83 植株叶片分析诊断如何进行？

植株叶片分析诊断又称叶分析，这种方法是当前较成熟的简单易行的果树需肥诊断方法。

(1)供作分析的叶片采集时间，宜在叶片营养元素变化较小时采取，即新梢停止生长时。

(2)采集部位，随机采集树冠外围新梢中部叶片，即从枝顶端向下第5、6片无病虫害且完整叶片。

(3)采集数量，至少从五株树上采集，每株树20片，总计不少于100片叶，及时送化验室处理，供分析用。

特别提示

叶片样品必须有代表性，并按分析要求采叶片样品。

84 李主要营养元素的功能，缺素表现哪些症状？营养诊断指标是什么？

氮素

1）功能　它是生命物质的重要成分，是有机化合物——蛋白质、氨基酸、核酸、核苷酸、辅酶类、叶绿素、激素维生素，与细胞膜的重要成分，在代谢中起重要作用，对李的各种生理活动都有重要影响。

2）缺氮症状　叶淡绿，营养枝少，短，细，花多果少产量低。

3）诊断指标　辽宁省果树研究所研究结果，7~8月份叶片含氮2.0%～2.65%为宜，小于1.48%为缺乏，大于3.0%为过剩。

磷素

1）功能　它是细胞中核酸、核苷酸、核蛋白与磷脂类的重要成分，因此与细胞分裂活动有密切关系磷有是酶的重要成分，因此与光合作用，呼吸作用，碳水化合物的代谢运输有关，在李的代谢旺盛的幼嫩组织中含量特别多。

2）缺磷症状　叶小，暗绿呈紫色，叶柄有紫色裂痕，叶边焦枯，分枝少，植株矮小果实成熟晚，含糖量下降，含酸量增加；磷素过多，则产生元素拮抗，影响李对其他元素的吸收。

3）诊断指标　国外资料磷适宜含量为0.2%～0.4%，小于0.15%～0.19%为低量；大于0.5%产生拮抗。辽宁省果树研究所研究结果，棕壤李园叶片中磷适宜含量为0.34%～0.38%。

钾素

1）功能　李正常生长需要大量钾，但钾不是任何代谢物质的组分，它起催化剂作用。钾与碳水化合物的代谢及糖分的运转有关，还对蛋白质、氨基酸的合成有关，钾能促进果实的肥大，缺钾果实变小，产量低。

2）缺钾症状　叶片青绿色，叶缘与叶中脉呈平行卷曲，退绿，呈灼烧状，甚至坏死。果实变小，产量低。

3）诊断指标　李叶片钾的适宜含量，国外资料1.2%～2.2%，小于1.0%为不足。国内为0.96%～1.51%，小于0.96%为不足。

钙素

1）功能　它与细胞壁的结构有重要关系，是果胶钙的重要成分，与周围的细胞互相连接，增加细胞的坚硬性。钙可以降低膜的透性改变离子对膜的亲合性和选择性，钙还可以增加蛋白质含量。

2）缺钙症状　开始顶部枝梢的幼叶叶尖，叶缘开始干枯，叶中脉干枯严重时小枝枯死，大量落叶，根变短，根尖枯死。缺钙可引起一系列果实生理病害。

3）诊断指标　钙的适宜含量，国外资料1.54%～1.96%，小于1.78%为不足；辽宁省果树研究所研究结果钙的适宜含量为1.68%～1.96%，小于1.54%为不足。

镁素

1）功能　镁是叶绿素的重要成分，并参加许多酶的辅助因子中缺镁则叶绿素不能形成。镁对核糖体结构的完整性也是必要的。在生长组织中也含有大量的镁。在糖代谢中每个磷酸化作用的酶都需要镁的存在才能发挥最大的作用。

2）缺镁症状　叶组织枯死，老叶、大叶上出现黄褐色的斑点，被害部逐渐及于新梢而逐渐落叶。最后在新梢先端残留密集而薄的暗绿色叶片。

3）诊断指标　我国大量分析结果表明，李叶片镁的适宜含量为0.05%～0.1%。

微量元素——硼、铁、锌

1）硼　硼对李开花结果有密切关系，花粉的形成、花粉管的生长都需要硼。它还与糖的代谢有关，硼还参与含氮磷苷的合成，影响RNA的代谢。硼对赤霉素的合成也有调节作用。

缺硼李时叶片多黄化卷缩，常变厚而脆。症状严重时，枝梢、短枝枯死。着生果实的树，虽然没有其他症状，但果肉和果面出现黄化或木栓、干斑部分，果肉近果梗处出现胶状物。

辽宁省果树研究所研究结果，李叶片含硼适宜量为20～30毫克/1千克，5～15毫克/1千克为缺乏。土壤有效硼含量为0.2～0.3毫克/1千克。

2）铁　铁既是李的物质组分，通过参与酶的辅助因子参与代谢作用，特别在氧化还原中起重要作用。叶绿素中铁的含量很高，对维持叶片的结构及叶绿素的形成都起重要作用。

缺铁时，成熟叶绿色，幼叶出现病症，叶脉仍为绿色，叶肉黄花。病情加重，叶脉黄化、叶片出现褐色枯斑或枯边而脱落。

辽宁省果树研究所研究结果，李叶片含铁适宜量为 70 ~ 100 毫克/1 千克，低于 70 毫克/1 千克李发病。石灰性土壤有效铁含量低于 20 毫克/1 千克，黄叶病严重。

3）锌　锌是李的重要营养元素之一，它与生长素的合成有关，缺锌叶子的光合速率和叶绿素的含量都下降，锌还可以促进细胞色素 C 的合成并稳定核糖体的结构。

缺锌李叶片小、稍扭转，新梢先端黄化。茎细、节间显著变短，叶密集。由新梢基部开始，向先端逐渐落叶。

国外资料李叶片含锌 10 毫克/1 千克为宜。以棕壤为主的辽宁以 40 ~ 50 毫克/1 千克为宜。

特别提示

要掌握李叶片中主要营养元素的适宜含量、缺素的临界值。

85 李合理施肥需要掌握哪些环节？

营养是果树生长与结果的物质基础。施肥就是供给果树生长发育所必需的营养元素。合理施肥可以利用较少的肥料和工时，为李树生长发育创造良好的环境条件，满足李树对各种营养元素的需求，是提高果品质量的关键，实现优质、高产、高效的必要措施。为此目的必须把握如下环节：

适宜的施肥时期；合理的施肥量；正确的施肥方法。

86 李施肥时期如何确定？

早秋施肥　多年的研究与实践证明，果树春季生长发育、开花，90% 是靠树体储备营养。因此，早秋施肥的好处是：

1)早秋施基肥正值李树根系的第三次生长高峰，可以吸收大部分营养物质，增加体内营养储备，为翌年生长做好了准备；由于吸收肥料，树体细胞液浓度增加，也提高了李树的越冬抗寒力。

2）施肥后，土壤有机质增加，疏松透气，有利于果园积雪保墒，防止冬旱；亦可提高地温，防止冻根。

3）早秋施有机肥，此时地温较高，有较为充足的时间腐熟分解，可以提早供应树体需要，对来年春季新梢生长、花芽继续分化乃至开花、结果均有作用。

4）秋施基肥后，伤根容易愈合，不会影响翌年生长。

早秋施肥主要是农家肥，如堆肥、厩肥、作物秸秆、绿肥、落叶等、过磷酸钙、骨粉等，还要配合化肥、复合肥等。

施用方法，通常应在早秋结合果园深翻或深耕施用。

追肥

1)花前追肥　李树萌芽、开花需消耗大量的营养物质，但早春土温较低，吸收根发生较少，吸收能力也较差，主要消耗树体贮藏养分。若树体营养水平较低，此时氮肥供应不足，会导致大量落花，落果。所以在贮藏营养不足时于花前 10 天左右追施速效性氮肥，可提高坐果率，促进新梢旺盛生长和叶片迅速膨大。

2)花后追肥　此时正值幼果、新梢同时进入生长高峰，为避免互相争肥，应及时追施速效性氮、钾肥，以减少生理落果，提高坐果率，促进幼果、新梢同时生长。

3)幼果膨大及花芽分化期追肥　生理落果后至果实进入迅速膨大期前，为李树需要大量营养的关键期，应追施速效氮、磷、钾肥，并注意根外喷施微量元素肥料。

4)果实生长后期追肥　在果实开始着色至采收期间追肥，目的是补充树体因结果过多所消耗的营养，并为花芽分化积累更多的养分。所以这次追肥对树体生长、高产稳产、果实品质及翌年产量极为重要。此次肥要多施磷、钾，尤其是钾肥，速效氮肥结合喷药进行叶面喷肥为好。

特别提示

要特别重视早秋施肥，各时期适时追肥。

87 李施肥量确定依据是什么？

依据习惯经验确定施肥量 参考当地果园的传统习惯施肥量，依据品种、树龄、树体长势、产量等确定施肥量。该法需要有丰富的实践经验。日本山梨县果树试验场曾经调查了全县有经验的果农，李园施肥量见表8。

表8 不同土性、品种的李园施肥量

类别	施肥量(千克/公顷)		
	N	P_2O_5	K_2O
沙壤土	267	233	188
壤土	180	210	207
黏土	199	205	185
早熟品种	244	232	164
中熟品种	191	205	208
晚熟品种	261	180	210

土壤分析和叶片营养诊断是确定李施肥量的基础和依据

施肥量＝(李树吸收肥料元素量－土壤养分供应量)/肥料利用率

通常肥料利用率，氮肥按50%计算，磷肥按30%计算，钾肥按40%计算。氮的天然供应量，约为氮的吸收量的1/3，磷为吸收量的1/2，钾为吸收量的1/2。据调查，盛果期李树(大石早生李)株产100千克，需吸收氮量是1千克。

计算每亩生产1000千克李子所需的氮施用量:

李树吸收肥料元素量 = 1000 ÷ 100 × 1 = 10千克/亩

氮的土壤供应量 = 10千克 × 1/3 = 3.3千克/亩

施肥量 = (10 − 3.3)/50% = 13.4千克/亩

李树施肥的配方常因各地土壤、气候及品种的不同而变化 一般每生产100千克果，需施氮0.7～1.2千克，磷(P_2O_5)0.4～0.5千克，钾(K_2O)0.6～1千克。据辽宁省果树所土肥研究室测定，盛果期大石早生李丰产树每年生产100千克果实需1415克氮、283.3克磷、913.8克钾、574.5克钙、73.0克镁。在对树体营养元素含量的比例分析基础上，得出李全树的氮、磷、钾、钙、镁的比例是10∶4.2∶8.5∶22.7∶2.1。目前国内李树施肥配方资料甚少，一般认为李树最佳氮、磷、钾比例为1∶0.5∶1，盛果树可为1∶2∶1。土壤、品种等不同，比例有所差异。

各地应根据李树叶分析、土壤测试结果和气候条件具体确定适宜的配方比例。另外，还要注意补充铁、锰、铜、锌、硼等微量元素。

李树合理施肥量

1)不同树龄施肥量　秋季施肥，可根据树龄大小而定，幼树每株施厩肥(0.5%)25～30 kg，三元复合肥0.25～0.5千克；结果树每株施厩肥50千克，三元素复合肥0.5～1.5千克；盛果树每株粪尿或有机肥50～100千克，尿素1.2～1.5千克，磷肥2～3千克，钾肥1～1.5千克。辽宁省果树研究所提出不同龄期李树的合理施肥量见表9。

表9　不同树龄李树的合理施肥量(千克/株)

树龄(年)	3～4	5～6	7～8	9年以上
施肥量	20	40	75	90

2)不同产量的施肥量　若每亩产果600～1000千克，要施入人粪尿2000～2500千克、尿素25～30千克、钾肥20～30千克、

磷肥 40 ~ 60 千克。若株产 50 千克，需每株施有机肥 100 千克，硫酸铵 2 ~ 4.5 千克，过磷酸钙和硫酸钾 0.25 ~ 0.5 千克。

特别提示

平衡施肥是实现李无公害生产的关键。每产 100 千克果实需肥量，是计算施肥量的依据。

88 李园如何施肥？

李园的施肥方法主要有两种，即土壤施肥法和根外施肥法。

土壤施肥

1）环状沟施　在树冠外围投影处挖环状施肥沟（图 9），深度一般为 20 ~ 30 厘米，宽 20 厘米。此法具有操作简单、用肥经济等优点。但挖沟易切断多量水平根，且施肥范围较小，一般多用于幼树。

2）放射沟施　以树干为中心，在树盘 1/2 处为起点向外挖6 ~ 8 条放射状施肥沟（图 10）。沟长超过树冠外围，里浅外深。这种方法较环状沟施肥伤根少，但挖沟时也要躲开大根，并隔年更换放射沟位置，扩大施肥面。

环状沟施肥

放射沟施肥

图 9　环状沟施肥与放射沟施肥

3)全园撒施　成年树或密植果园，根系已布满果园，可将肥料均匀撒在园内，再翻入土中，深度一般为20~30厘米。

4)灌溉式施肥　结合滴灌、喷灌等形式进行施肥。这种施肥方法供肥及时，肥分分布均匀，既不伤根系，又保护耕作层土壤结构，节省劳力，降低成本，提高劳动生产率。

另外，还有条沟、穴状、穴贮肥水等施肥方法。以上施肥方法应根据具体情况选用，且应交替更换不同方式。

根外施肥　主要是指生长季喷施叶面肥。叶面喷肥将肥料直接施于叶片表面，必须严格掌握使用浓度(表10)。另外，一些新型肥料，如叶面宝、光合微肥、“地尔金”系列液肥、硅酸盐菌剂等，应按使用浓度进行。不过，对新肥料应先试验、后使用。

表10　果树常用叶面肥种类及使用浓度

元素种类	肥料种类及浓度(%)	
N	尿素0.3~0.4	
P	磷酸二氢钾0.2~0.3	磷酸铵0.3~0.5
K	硫酸钾0.2~0.4	硝酸钾0.3~0.5
Mg	硫酸镁1.0	氯化镁1.0~2.0
Fe	硫酸亚铁0.1~0.4	
Zn	硫酸锌0.1~0.4	
Cu	硫酸铜0.05	
B	硼酸0.1~0.5，硼砂0.1~0.25	

注意事项：①根外追肥的肥效短，一般叶面喷后25~30天肥效就逐渐消失。所以，叶面追肥应勤喷，1年喷施4~6次，间隔期为5~15天。②温度高、风速大时，雾滴失水快，不利于肥料吸收。根外追肥的最适温度为18~25℃。生长季节宜选傍晚(下午4时以后)或早晨露水未干时(上午10时以前)进行，以利肥液吸收，并可避免肥害。③叶面肥浓度一定要掌握准确，过高会引

起肥害，过低效果不明显。生长前期枝叶嫩，浓度宜低；生长中后期，枝叶成熟，可适当增加施用浓度。“枝条增氮”技术就是利用秋季温度低、叶片老，在落叶前 2 周叶面喷施 0.5% ~1.0% 的尿素，提高树体营养水平，提高来年的开花质量，实现优质丰产，连年稳产。④叶背面吸肥能力较正面更强，喷肥时应注意背面的喷施，使肥液均匀喷布于叶片反正面。

特别提示

土壤施肥时，肥土要充分混拌均匀。叶面喷施要掌握好肥料浓度，喷施要均匀。

89 李露地栽培园如何灌水?

灌水时期

1）花前灌水　灌水时间约在 2 ~3 月。

2）幼果膨大期灌水　又称花后灌水。此期正值新梢生长和幼果迅速发育时期，需要大量的养分和水分，是李树需水临界期。本阶段水分不足，不仅抑制新梢生长，而且影响果实发育，特别是硬核期缺水，会导致大量落果。所以做好李树花后灌水，是丰产、稳产的重要保证。量宜足，次数宜少，以免降低地温。

3）封冻水　北方李园在土壤结冻前，灌足封冻水，增加土壤热容量，使土壤上层保持一定温度，保证根系安全越冬。

灌水新方法　灌水方法是李园灌水的重要环节。传统采用的多是地面灌水方式。可分为树盘灌水、沟灌、分区灌、漫灌等。地面灌水简单易行，但耗水量大，土壤易冲刷板结，盐碱地容易泛碱。灌水后要及时配合中耕。

随着科学技术和工业生产的发展，灌水方法不断得到改进，尤其是向机械化方向发展。国外果园应用的喷灌、滴灌、渗灌等先进的机械化节水灌溉技术，已开始在我国发展应用。

特别提示

搞好李园合理灌水，即用最少量的水取得最大的效果，关键做到做到适时适量。

8

李病虫害的无公害防治

李的病虫害防治，要求既要使李不受病虫的危害，又要不使李受农药的污染，这是生产无公害李的重要环节之一。本章重点介绍李穿孔病、红点病、流胶病、褐腐病等病的防治技术；介绍李实蜂、李小食心虫、桑白蚧、褐天幕毛虫、黑绒金龟子、短尾蚜、桃红颈天牛、山楂红蜘蛛、李冠潜蛾等害虫防治技术。所介绍的技术有效、实用，具有很强的可操作性。

90 无公害农药的种类？

农药安全使用标准和农药合理使用准则参照 GB 4285 和 GB/T 8321(所有部分)执行。生产无公害果品提倡使用抗生素类农药，如农抗 120、多氧酶素(宝丽安)、阿维菌素(齐螨素、虫螨光)、Bt(苏云金杆菌)等；植物源农药，如烟碱、绿保威(疏果净)、辣椒水、菌迪、除虫菊等；昆虫生长调节剂，如灭幼脲 3 号、卡死克、抗蚜威、扑虱蚜等；矿物源农药，如石硫合剂、柴油乳剂、索利把尔等；禁止使用高毒高残留农药，如福美砷、久效磷、三氯杀螨醇等。

特别提示

无公害生产禁止使用高毒高残留农药。

91 怎识别介绍李穿孔病？如何防治？

李穿孔病分布范围较广，如防治不及时，常造成大量落叶、落果，削弱树势，影响产量，甚至导致树梢枯死。穿孔病主要有细菌性穿孔病、霉菌性穿孔病和褐斑穿孔病3种。

症状

1）细菌性穿孔病　李细菌性穿孔病，又称李黑斑病、细菌性溃疡病。细菌性穿孔病侵染叶片、果实及枝条。叶片发病初期，先产生多角形水渍状斑点，以后扩大为圆形或不规则形褐色病斑，边缘水渍状，后期水渍状边缘消失，病斑干枯、脱落或部分与病叶相连，形成0.5～5毫米的穿孔。病叶极易早期脱落。果实发病，先在果皮上产生水渍状小点，扩展到直径2毫米时，病斑中心变褐色，最终可形成近圆形、暗紫色、边缘具水质状的晕圈、中间稍凹陷、表面硬化、粗糙的病斑。空气干燥时，病部常发生裂纹，直径可达30毫米，病果易提早脱落。枝条受害后有夏季溃疡和春季溃疡两种病斑。春季溃疡发生在上一年抽生的枝条上，春季展叶时，先出现小肿瘤，后膨大破裂，皮层翘起，木质部裸露，成为近梭形病斑。病部的木质部坏死，深达髓部。春季病斑纵裂后，病菌溢出，开始传播。夏季溃疡发生在当年抽生的嫩梢上，先产生水渍状小点，扩大后变成不规则褐色病斑，后期病斑膨大裂开，形成溃疡症状。

2）霉斑穿孔病　侵染叶片、嫩枝、花芽和果实。叶片上病斑初为淡黄绿色，后变为褐色，圆形或不规则形，直径2～6毫米。病斑最后穿孔。幼叶受害时大多焦枯，不形成穿孔。潮湿时，病斑背面长出污白色霉状物。枝条受害时，以芽为中心形成椭圆形病斑，边缘褐紫色，并发生裂纹和流胶。果实受害，病斑初为紫色，渐变褐色，边缘红色，中央渐凹陷。

3）褐斑穿孔病　侵害新梢、叶片和果实。叶片受害时，在叶片两面发生圆形或近圆形病斑，直径约 1 ~4 毫米，边缘清晰并略带环纹，外围有时呈紫色或红褐色。后期在病斑上长出灰褐色霉状物，中部干枯脱落，形成穿孔。病斑穿孔的边缘整齐，穿孔多时，引起落叶。新梢和果实上的病斑与叶相似，均生有灰色霉状物。

防治方法

1)加强果园管理。结合冬剪，彻底清除病枝、落叶、落果，集中烧掉，减少越冬菌源。加强土肥水管理，增施有机肥料，不偏施氮肥，注意改良土壤和排水。改变修剪时期也能减少病害的发生，冬季修剪应尽量晚剪，生长季尽量减少短截次数。建立新李园时选用无病毒苗木和抗病品种。

2)药剂防治。早春发芽前，喷 1 次 4 ~5 波美度石硫合剂。展叶后和发病前喷 3% 克菌康(中生菌素)可湿性粉剂或 72% 硫酸链霉素可湿性粉剂 3000 倍液交替使用，每 15 天喷 1 次，共喷 3 ~4 次，效果较好。

92 怎样识别李红点病？如何防治？

李红点病在李树栽培区均有发生，其侵染叶片引起落叶，侵染果实会严重影响果实品质和产量。

症状　李红点病仅危害叶片和果实。叶片侵染初期，叶面产生橙黄色、稍隆起、边缘有清晰近圆形的斑环。以后病斑扩大，颜色加深，病部叶肉也加厚，其上产生深红色小粒点，即病菌的分生孢子器。至秋末病叶转为红黑色，正面凹陷，背部凸起，使叶片卷曲，并出现黑色小粒点，即病菌埋在子座中的子囊壳。发病严重时，叶片上密布病斑，叶色变黄，造成早期落叶。

果实受害后，产生橙红色圆形病斑，稍隆起，边缘不清楚，最后呈红黑色，其上散生很多深红色小粒点。果实常畸形，不能食用，易脱落。

防治方法

1)清除病源。彻底清除果园中病叶、病果，集中焚烧或深埋，消灭越冬菌源。加强果园管理。对尤其是感病植株增施肥料，改良土壤，增强树体的抗病能力，并注意排水、勤中耕，避免果园湿度过大。

2)喷药保护。在李树开花末期至展叶期及果实膨大期，喷布50%琥珀胶酸铜可湿性粉剂500倍液，14%络氨铜水剂300倍液。

93 怎样识别李流胶病？如何防治？

李流胶病主要危害主干和枝条，且以主干和主枝分叉部为主，有时果实也有流胶。

症状 枝干发病部皮层呈瘤状隆起，或环绕皮孔出现1~2厘米的凹陷病斑，从皮孔中流出淡黄色的柔软而透明的脂状汁液，后氧化凝结，变为赤褐色胶状物。

果实受侵染后，多在近成熟期发病，初为褐色腐烂状，逐渐密生粒点状物，潮湿天气时，从粒点孔口溢出白色块状物。

可在因病致死的枝条上越冬。分生孢子靠雨水分散传播，自皮孔与伤孔侵入，以一、二年生病枝的发生量最多。病菌可潜伏于被害枝条皮层组织和木质部，在皮层中产生分生孢子，成为侵染源。

防治方法 在修剪时要适当轻剪，避免造成枝干上的大伤口。对大剪口和锯口，要涂铅油、接蜡等防腐剂，以保护伤口不受感染。及时消灭枝干害虫，如红颈天牛、小蠹虫等蛀干害虫，防止在枝干上造成伤口，引起流胶。在进行果园管理时，避免由于机械伤所造成的伤口而导致流胶。药剂防治：萌芽前，刮除流胶病块，涂抹佰明98灵原液防治效果较好。

94 怎样识别李褐腐病？如何防治？

李褐腐病又称李实腐病，危害李树的花和果实，贮运期间的果实也可受害。

症状 花器受害，病菌由花瓣尖端或柱头侵人，很快扩展到萼片和花柄，产生褐色的斑点，并在潮湿时产生灰色霉层，形成花腐。

果实受害，初为褐色圆形病斑，几天内很快扩展到全果，果肉变褐软腐，表面生灰白色霉层。病菌通过花梗和叶柄向下蔓延至嫩枝，并进一步扩展到较大枝上，形成灰褐色长圆形溃疡病斑，边缘紫褐色，中央稍凹陷，常伴有流胶。在潮湿时，病斑上生灰色霉丝。

防治方法

1）清除越冬菌源。结合修剪彻底清除地面及枝上的病僵果、病枝梢，集中烧毁或深埋。结合深翻，将地面的病枝、病果等残体翻入土中，减少越冬菌源。

2）及时防治虫害，减少果实伤口，防止病菌从伤口侵入。早春萌芽前喷一次5波美度石硫合剂。在李树开花70%左右时及果实近成熟时喷布70%托布津或50%多菌灵1000～1500倍液。

95 李实蜂如何防治？

李实蜂又名李叶蜂，属膜翅目、叶蜂科。

分布与危害 广泛分布于华中、华北、西北各李产区。以幼虫蛀食幼果，常造成大部分虫果，虫果明显比健果小，果内充满虫粪。

防治方法 深翻压茧。在成虫羽化出土前，深翻树盘，将虫茧埋入深层，使成虫不能出土。树下撒药。在幼虫入土前或翌年成虫羽化出土前，在李树树冠下撒2.5%敌百虫粉剂，每株结果树撒药0.25千克，或喷洒25%辛硫磷乳油500倍液，每株用药0.04千克，毒杀入土幼虫和羽化出土的成虫。

此外，还应及时摘除被害果并清除落地虫果，集中销毁。

96 李小食心虫如何防治?

又名李小蠹蛾，简称李小。属鳞翅目、小卷叶蛾科。

分布与危害　主要分布于东北、华北和西北果产区。以幼果蛀果危害。蛀果前常在果面上吐丝结网，栖于网下开始啃咬果皮蛀入果内，不久在入果孔流出泪珠状果胶。幼虫无固定入果部位，入果后常串食果柄附近咬坏输导系统，果实因而不能正常发育，逐渐变为紫红色，导致提前脱落。

防治方法

1）培土压茧　在越冬成虫羽化出土前，即4月下旬进行培土。在树干周围45～60厘米地面培10厘米厚的土层并踏实压紧，使羽化的成虫不能出土而窒息死亡。但应在越冬代成虫羽化完成后，结合松土除草，将培土撤除。

2）地面喷药　在越冬代成虫羽化前，或在第一代幼虫脱果前树冠下面喷布25%对硫磷微胶囊，每亩0.8～1千克，加水50～80千克喷洒，撒后用耙子耙匀，使药、土混合均匀。

3）树上喷药　成虫发生期树上喷Bt500倍液或虫螨光3000～4000倍液。利用李小食心虫成虫的趋光性和趋化性，可用灯光和糖醋液诱杀。

97 李桑白蚧如何防治?

桑白蚧又名桑盾蚧、桑介壳虫、桃介壳虫等。属于同翅目、盾蚧科。

分布与危害 在国内分布较广，是南方桃和李树以及北方果区的一种重要害虫。以雌成虫和若虫群集固着在枝干上吸食养分，偶有在果实和叶片上危害，严重时枝条上介壳密布重叠，远看枝条呈灰白色，且凹凸不平。被害树极度衰弱，甚至造成枝条或全树死亡。

防治方法

1）苗木检疫。加强苗木、接穗检疫工作，防止桑白蚧扩大蔓延。

2）消灭越冬幼虫。结合修剪和刮皮等技术措施，及时剪除并烧毁被害枝梢，或用硬毛刷清除枝梢上的越冬雌虫。

3）药剂防治。在若虫分散转移分泌蜡粉介壳之前，可喷施速蚧克 1000～1500 倍液进行防治。

4）生物防治。利用捕食性红点唇瓢虫和寄生性软蚧蚜小蜂等消灭桑白蚧，控制其危害程度。

98 李黄褐天幕毛虫如何防治?

黄褐天幕毛虫属鳞翅目、枯叶蛾科。又名天幕枯叶蛾、梅毛虫，俗称顶针虫。

分布与危害 在我国各果区均有分布，发生普遍。天幕毛虫食性杂、危害重。在大发生年份能将全树叶吃光，严重影响果树生产。天幕毛虫的幼虫食害嫩芽、新叶及叶片，并吐丝结网张幕，幼龄幼虫群居天幕上。幼虫老熟后分散活动。

防治方法 结合李树冬季修剪彻底剪除在枝梢上越冬的卵环。在幼虫发生危害期，经常检查，发现幼虫群集天幕危害及时消灭。大面积发生，虫口密度又大时，可以喷辛脲乳油 1500～2000 倍液消灭成虫。

99 李黑绒金龟子如何防治?

黑绒金龟子又名东方金龟子、天鹅绒金龟子。属鞘翅目，鳃金龟科。

分布与危害 国内几乎都有发生，以成虫食害嫩芽、新叶和花朵。

防治方法 利用成虫的趋光性，在成虫的发生期可设置黑光灯诱杀。在成虫的发生期，利用成虫的假死性于傍晚振落捕杀。利用成虫的入土习性，于发生前在树下撒5%辛硫磷颗粒剂，施后耙松表土，使部分入土的成虫触药而死。成虫发生量大时，可进行树上喷药，可喷施80%敌百虫乳油800倍液，25%西维因可湿性粉剂1000倍液，50%马拉松乳油1000~1500倍液，或用毒饵拌切碎的白菜、萝卜及菠菜等，于傍晚撒在树下进行毒杀，均有较好的效果。

100 李短尾蚜如何防治?

李短尾蚜又名杏圆尾蚜、杏短尾蚜、阿氏圆尾蚜。属同翅目、蚜科。

分布与危害 在我国东北、北京、山东等地有发生。寄生于嫩叶背面及幼枝上，使幼叶畸形卷缩，嫩顶弯曲。主要危害李、杏等。

防治方法

1）加强果园管理。结合春季修剪，剪除被害枝梢，集中烧毁。

2）合理配置树种。在果园附近，不宜种植烟草、白菜等农作物，以减少蚜虫的夏季繁殖场所。

3）保护天敌。要尽量少喷洒广谱性农药，同时避免在天敌多的时期喷药。

4）药剂防治：在蚜虫发生期喷10%扑虱蚜3000~5000倍液或

蚜虱净5000倍液。

101 桃红颈天牛如何防治?

桃红颈天牛属于鞘翅目、天牛科。

分布与危害 分布于辽宁、内蒙古、甘肃、河北、河南、陕西、山西、山东、江苏等省(自治区)。危害桃、李等。幼虫在皮层和木质部蛀隧道，造成树干中空，皮层脱离，树势弱，常引起死树。

防治方法 在成虫出现期，利用成虫午间静息枝干的习性，振落捕捉成虫。也可用烛光灯、白炽灯诱杀。成虫发生前在树干树枝上涂白(生石灰: 硫磺: 食盐: 兽油: 水 =10: 1: 0.2: 0.2: 40)，防止成虫产卵。幼虫孵化后，经常检查树干，发现有虫粪时，可用细铁丝钩杀幼虫；或用枝接刀在幼虫危害部位沿枝干纵划2~3道杀死幼虫；或用兽用注射器或压缩喷雾器换成尖嘴，向孔内喂药(敌敌畏: 煤油: 水 =1: 2: 20)；或用磷化铝片塞入蛀孔然后用泥土堵上蛀孔。主干主枝刮皮，刮除虫卵。

102 山楂红蜘蛛如何防治?

山楂红蜘蛛又名樱桃红蜘蛛、山楂叶螨。属蛛形纲、蜱螨目、叶螨科。

分布与危害 在我国北方果区普遍发生。叶受害初期呈现许多失绿小斑点，渐扩大连片，发生严重时，群体在叶丛吐丝结网、产卵，受害叶片先从近叶柄的主脉两侧出现灰黄斑，严重时叶片枯焦并早期脱落。

防治方法 在花前、花后7~10天及6月份喷1.8%阿维菌素4000~5000倍液防治效果较好。

103 李冠潜蛾如何防治?

李冠潜蛾属鳞翅目、冠潜蛾科。

分布与危害 分布于河北、北京、山西等地。以幼虫潜叶危害。幼虫潜叶取食叶肉，只剩上下表皮。虫道弯曲，由叶中部向边缘逐渐加宽。虫道前期呈绿色线状，后期呈黄白色。

防治方法 果树落叶后，清除落叶深埋或烧掉，以消灭其中的越冬幼虫。防治的关键时期是各代卵期和幼虫发生盛期。常用药剂有：25%灭幼脲3号悬浮剂1500~2000倍液，20%杀铃脲悬浮剂6000~8000倍液。

9

李采收、储运及加工

李的采收、储运及加工是无公害李生产的重要环节。本章介绍了李子为什么要适期采收、李子果实成熟的判断标准、采收方法及要点；介绍李果实如何挑选与分级包装、运输中应注意的问题、贮藏保鲜技术；详细介绍了李干、李酱、糖水李罐头、话李、蜜李片、低糖脆李、李果汁、李酒的加工技术。技术实用可行，为果农提供李深加工的致富之路。

104 李子为什么要适期采收？

无论早熟或晚熟品种，果实从盛花到成熟整个生育期都有一定的经验天数，但也受年份、气象条件、栽培措施及负载量等的影响。因此不能单纯依靠日期判断采收期。有条件的可根据果实的底色、可溶性固形物含量、果肉硬度、pH 值等测定值判断。直观判断成熟的标准是：

李子果实成熟的判断标准 硬熟期：也称为可采成熟度。此时果实已充分长大，黄色和绿色品种果皮由绿色转为绿白色；红色品种果面着色达到 1/3 ~ 1/2。果实已完成了生长和化学物积累，采收后在适宜条件下可自然完成后熟过程，果肉硬脆远地运输或加工用品种，可在此时采收。

半软熟期：也称为食用成熟度。此时果实已经成熟，红色品种着色 4/5 以上；黄色品种由绿色转为淡黄色。果实中的各种营养物质经过转化已具有该品种的色、香、味。此时采收风味最好，适于在当地销售生食或制作果汁、蜜饯等加工品，但不宜长途运输或贮藏。

软熟期：也称为生理成熟期。这时果实已经过分成熟，黄色品种果实完全变成淡黄色，果肉已软绵、多汁、营养价值和风味均下降，不能贮运。采种时才在这一时期采收。

李子的采收方法及要点 李树中以中国李品种较多。中国李果柄粗短，成熟时一般产生离层，采收时要带果柄采下。李子果粉多，采收时应尽量减少果粉损失，以利保鲜贮藏。采收顺序是从树下部由外向内逐枝采摘。采摘时动作要轻，不能损伤果枝，对果实要轻拿轻放，避免刺伤、捏伤、挤伤。筐箱要用软质材料衬垫。采摘下的果实应放在树荫下，以免日光暴晒失水，并及时运往包装场进行分级包装。

贮藏用的李子，可以八成熟为采收适期；供生食时，以九成熟为采收适期。李子成熟度不一致，宜采取分期采收的方法，一般分 2 ~4 次采摘。

特别提示

果实适时、无伤采收。尽量减少果粉损失，及时进行分级包装。

105 李果实如何挑选与分级？

果实的挑选采用人工方法。首先剔除受病害侵染和受机械伤的果实，然后按果实的大小、色泽、形状、成熟度等分级。分级的目的是使果品规格、品质一致，便于包装、贮运和销售。

分级时，可以按果实的大小分级，或按每千克几个果实分级，也可以按果实直径分级。

106 果实有哪些预冷方式?

条件允许时，采收的果实要及时冷却，这是减少采后损失最有效的方法。李子多在夏季高温时成熟，果采下时温度较高，如不及时将果温降到适宜的贮藏温度，会缩短贮藏寿命。采收后的果实直接堆垛会造成以下危害：一是为使果垛尽快降温，须加大送风量和送风温差，这就必然造成干耗大，冷风机冲霜频繁，浪费能源；二是每次进库果实均为热货，库温无法稳定，再加上包装物隔绝了果实与冷库内冷空气对流，减缓了果温下降速度，病害发生机会增加。

预冷方法常用的有强制风冷、水冷和库房冷却 3 种。

(1) 风冷法：即采用冷风机冷却果品。风冷包括强制冷风和库房冷却两种方式。

强制冷风是把果箱垛好，然后抽风，让冷风从箱子空隙中进去，把热量带走。库房冷却，是把果品放在冷库中，箱子间留有空隙，使果品冷却。

(2) 水冷法：即采用水降温的办法。可用冷水从果实上面淋下，也可将盛有果实的塑料周转箱放入有流动水的槽中，从一端向另一端徐徐移动。让水将果实的热量带走。

(3) 利用自然低温使果实冷却：若没有预冷设施，可采用该法冷却果实。

1) 在清晨采收。不要在气温高时采收。

2) 下午 4、5 点钟以后采收。果实放在树荫下放置一夜，次日早晨再装箱运输或入库。

3) 利用空房、地窖、树荫等阴凉处存放果品，避免阳光直射。

特别提示

及时冷却，减少采后损失。根据条件选择冷却方法。

107 李果实如何进行包装？运输中应注意什么？

果实包装 包装一般分为内包装和外包装两种。

1）内包装：通常为衬垫、铺垫、浅盘及各种塑料包装膜、包装纸及塑料盒等。

2）外包装：包括筐及各种材料的箱子等。外包装必须抗压、防水。

为防止机械碰、压损伤果实，包装宜采用浅盘或小塑料盒或小篓，每盘或每篓2～3千克，小篓再装入果箱内，每箱装3层，共装6～12千克。

运输 有条件的可采用机械保温车、空调车运输或空运、船运。汽车、拖拉机、畜车和人力车，只能短途运输。运输时应掌握12个字："快装快运，轻装轻卸，防热防冻"。

1）快装快运：果实采摘后，只能凭自身部分营养物质的分解，来提供生命活动所需的能量，所以能量消耗越多，果品的质量就越差。运输时间越短，果品损失越少。

2）轻装轻卸：李果较鲜嫩，稍一碰压，就会发生破损，引致腐烂。因此，装卸时，要像对鸡蛋一样，严格做到轻装轻卸。

3）防热防冻：以汽车、畜力车、人力车运输李子时，既要防雨淋，也要防日晒。日晒会使果品的温度增高，提高果品的呼吸强度，增加自然损耗。因此，在温度较高时，须注意通风散热。

长途运输时间为2～3天时，李子的最高装载温度为7℃，建议运输温度为0～5℃。运输时间为5～6天时，李子的最高装载温度为3℃。

108 怎样进行李子的贮藏、保鲜?

高温贮藏 李子采收后用浅果盘盛装，放在室温下，可存放7~10天。据试验，30℃条件下存放的李子，贮藏时间比在20℃条件下延长1.5倍。

李子的品种较多，品种间差异很大。对于大多数品种，适宜的后熟温度是18℃。有的品种在1℃条件下放置数天，可促进后熟，且果实上色多、酸度小、变软。

低温贮藏 李子低温贮藏安全期因品种而异。贮藏温度0.5~1℃，湿度85%~90%，欧洲李和日本李可以在此温度条件下贮藏20~28天。中国李果肉较软，贮藏适宜温度是0~3℃，如春华李，在3℃条件下贮藏60~80天，一般情况下不发生冷害。

低温贮藏时，要将采摘后的李子尽快用冷气流冷却，降低果实温度。

变温贮藏 变温贮藏也称间歇加温贮藏。采用该法贮藏的果实后熟速度比低温贮藏略快，但冷害较轻。方法是：将果实在0℃条件下贮藏14~15天后，将库温提高到18℃，24小时后将温度再降到0℃。每15天进行一次，直至贮藏结束。

气调贮藏 李子果实较抗二氧化碳，在不超过8%的情况下，大多数品种无不良影响。有些品种在15%的二氧化碳浓度下贮藏未见受伤。比勒早李品种的适宜气调贮藏条件为二氧化碳12%、氧2%、库温2℃，贮藏28天后外观良好(但降低二氧化碳浓度，或提高氧的浓度都会加速李的熟化)；锦西秋李为二氧化碳12.5%、氧3%、库温1℃；德国的李子在0℃条件、相对湿度90%~95%、二氧化碳3%、氧3%，贮藏时间为14~42天；美国的李子气调贮藏条件为二氧化碳6%~10%、氧8%~14%、库温0.5~0℃，贮藏时间为135天。

李子耐贮性的强弱取决于品种，早熟李在良好的贮藏条件下只能存放14天，时间再长时，出库后很快发绵且缺乏酸味，还常出现褐变。晚熟李可贮藏几个月。气调贮藏最大的优越性在于可改善李子品质(采用冷藏法会使李子变得平淡无味)。

李子的耐高二氧化碳的特性有利于贮藏方法的选择。在没有标准气调库的情况下，可因地制宜，利用改良式通风库、冷凉库和冷藏库及冰窖等，结合塑料小包装，或气调大帐进行简易气调贮藏，达到贮藏保鲜的目的。

减压贮藏 又称低压贮藏，是气调贮藏的改良方法。主要是降低贮藏环境中的气体压力，其中也包括降低果实本身放出的乙烯气体的浓度(压力)，保持恒定的低压的贮藏方法。果实放在耐压密闭的容器中，抽出部分空气，使内部气压降至一定量，并在整个贮藏过程中不断换气。换气可通过真空泵、压力调节器和加湿器，使贮藏容器内维持新鲜、潮湿的空气。由于空气减少，氧分压低，抑制了果实的呼吸，少量生成的乙烯也随之不断排除。减压结束，取出果实置于空气时，最初香气较少，在20℃条件下存放一定时间后，可达到果实固有的风味。

这种方法最先在番茄、香蕉等果实上进行试验，效果明显。据资料介绍，在20℃条件下，用13.33千帕的压力减压贮藏，可以显著地抑制李子后熟。但在6℃条件下，减压贮藏与普通贮藏，对延迟后熟的作用没有差别。

特别提示

根据不同品种、不同条件选择适宜的贮藏、保鲜措施。

109 如何进行李干加工?

工艺流程：原料选择→去蜡层→切半去核→熏硫→干制→包装。

技术要点：

(1)选材　选择果实大小一致、皮薄、肉厚、水分少、含糖量高、核小、八成熟的李子为原料。将选好的果实用清水充分洗净，待用。

(2)浸碱　将选好洗净的李子投入到0.25%～1.5%氢氧化钠的沸液中，烫浸10～30秒钟。碱液浓度过高或浸碱时间过长，容易造成脱皮和肉质变色，碱液浓度过低或浸碱时间过短，又达不到溶解蜡质的目的，所以浸碱要适度。浸到果面上的蜡质被溶解时，果面出现均匀的微细裂纹，这时就迅速捞出，用清水洗净碱液，随即护色。

(3)护色　护色液的配制是用0.2%～0.3%偏重亚硫酸钠溶液(或0.1%～0.2%亚硫酸溶液)，加入少量盐酸，调至pH值3.0左右即成。随即把经浸碱洗净的果实浸入护色液中，浸30分钟后，取出、沥干，待干燥。

(4)干燥　一般采用间断干燥法。把经护色处理后的果肉(或果块)置于远红外线干燥箱(或电热鼓风干燥箱)内加热干燥。开始干燥温度为50～55℃，待干燥到失原重的1/3时，停止烘烤，取出摊晾1～6小时；再用75～80℃的温度进行第二次干燥，待干燥至再失重1/3时，又取出摊晾4～6小时；再用60～65℃的温度进行第三次干燥，干燥到原重的1/4左右，含水量为15%～18%为宜。

(5)包装　将干燥完毕的果肉(或果块)取出乘热整形，选除破烂。将色泽一致者分别装盛，置于密封箱中，进行熏硫(用硫磺量为果实量的0.25%)。熏1.5～2小时后，再用玻璃纸或塑料袋包装即成李干成品。

质量要求：果肉柔韧而紧密，整果李干用两指捻，果核不滑脱。含水量为12%～18%。有光泽，无霉烂，无泥沙等杂质。

110 如何进行李脯加工？

工艺流程：原料选择→清洗→切分、去核→熏硫→糖煮→干燥→整形→包装。

技术要点：

（1）原料选择　选用八成熟、个大、肉厚、质地细致、离核、风味浓的优良品种为原料，果实表皮颜色由绿开始变黄的鲜果，果实外形要整齐。剔除生青、软烂、病虫、伤残果。

（2）前处理　将李子用清水洗干净，在切半机上开半，挖去果核，然后用浓度8%～10%的氢氧化钠溶液去皮，用清水洗净。

（3）熏硫　把李子果片摆在烘盘上，洒上少许清水送入熏硫室熏硫2～4小时，每1000千克李子需用硫磺3～5千克，熏至果肉呈淡黄色，微透明时即可，也可用0.2%～0.3%的亚硫酸氢钠液浸泡2小时左右。

（4）糖煮　第一次用30%浓度的糖液，煮沸，倒入李肉再煮沸，然后将糖液连李肉全部倾入缸中，浸渍10小时左右。第二次将糖液调整至浓度40%，煮沸后再将李肉倒入，再沸腾后，一同倾入缸中浸渍12小时左右。

（5）干燥　捞出李肉，沥去糖液，将李碗朝上平摆在盘上，在60～70℃烘至含水量18%（即不粘手）即可，注意烘烤温度不得超过72℃，每小时翻动李坯一次，防止焦化。

（6）整形　把李坯捏成扁形，对不规则的飞边进行修整。

（7）包装　先将李脯装入塑料薄膜食品袋中，再装入纸箱内，以免成品回潮。

质量要求：

李脯呈金黄色或红黄色，形状整齐，半透明，有甜酸味和李香味，含糖在65%以内，含水分13%～20%，含硫不超过0.2%（以二氧化硫计）。

111 如何进行李酱加工？

工艺流程：选料→冲洗→去核→软化→加糖浓缩→装罐；

操作要点：

(1)选料　果酱制品不要求保持果形，因此，可选择生产中的一些残次果，只要符合卫生条件要求，都应充分利用。过熟的果实也适宜制果酱。

(2)原料处理　把残次果不可食部分削除，用清水冲洗净，再用不锈钢刀将果切开去核后备用。

(3)称重　将果肉称重，以每千克果加糖0.6～0.8千克的比例备糖。

(4)软化　将果肉置锅中，加入10%的水，加热煮沸10分钟。

(5)加糖浓缩　将备好的糖分次加入锅中，火力适当放小，边煮边搅动，并压碎大的果块。煮至沸点温度105～106℃，出锅时固形物达68%。

(6)装罐　要进行热装罐，即果酱在80℃以上装罐，有一定杀菌效果，可延长贮存期。

质量要求：色泽呈橙黄色或黄褐色，色泽一致。具有本品种应有的风味，无焦煳味及其他异味；制品呈胶状可徐徐流散，无结晶，无杂质；总糖不低于57%，可溶性固形物不低于65%；无致病菌及微生物作用引起的腐败现象。

112 如何进行糖水李子罐头加工？

工艺流程：原料选择→清洗→去皮→修整→预煮→分选→装罐→排气→封罐→杀菌冷却→检验入库。

技术要点：

(1)原料选择　应选择新鲜饱满，成熟度为八至九成，风味正常，无霉烂、病虫斑点和机械伤，横径在30毫米以上的果实作原料。

(2)清洗、去皮　用清水洗去表皮的泥沙等污物，配10%～20%的氢氧化钠溶液加热至98～100℃，倒入洗净的李子浸泡1.5～2分钟，捞出后立即用流水搓洗，去掉果皮后再除去果面残留碱液。

(3)修整　将去皮后的李子放入1%的盐水中护色，用不锈钢刀从缝合线切开去核，除去残留果皮与干疤等，再用清水洗洗1～2遍。

(4)预煮　把水煮沸后倒入果实，再煮沸大约需10分钟捞出(以果煮透而不烂为度)。

(5)分选　挑出生、青、个小、软烂、畸形果。取果面光滑，形态完整无缺口的果实，按大小和色泽分开装罐。

(6)糖水配制　糖水浓度按李子可溶性固形物高低配制。当李子可溶性固形物分别为6%、7%、8%、9%、10%时，相应配制糖液的浓度分别是27%、26.7%、25.5%、23.3%、23.1%。为防止果实变色，可在糖水中加0.025%抗坏血酸防氧化。

(7)装罐　先将玻璃罐、罐盖及胶圈在沸水中煮5分钟灭菌。称取果肉，玻璃罐可装270克(7114型罐能装果肉250克)，加糖水200克。

(8)排气封盖　把装好李子块和糖水的玻璃罐(或7114型罐)放入排气箱内，通过蒸气加热，使罐中心温度80℃以上，排气时间10～20分钟。排气结束，从排气箱中取出罐体后立即趁热封盖。封盖后将罐头倒置3分钟，以利杀菌。有条件采用真空封盖机封盖时，真空度要达到52.6～65.8千帕再封盖。

(9)杀菌、冷却　将罐头在沸水中煮沸10～15分钟，用温水分80℃、60℃、40℃三段冷却。

(10)保温检验　在室温20℃条件下贮存7天，对罐头进行敲检，剔出漏气罐、胖听和腐败果块的罐头，合格产品即可贴商标装箱入库。

质量要求：果肉呈黄色，个别品种允许带有微红色、微青色，果块色泽大体一致。罐内糖水较透明，允许有少量不引起混浊的果肉碎片存在。果块上果皮去的彻底，果形完整，大小均匀，允许果肉上有两个以下红褐斑点。果块软硬适中，具有李子风味，酸甜可口，无异味。果重占净重的50%，糖水开罐浓度为14%~18%。

113 如何进行话李加工？

工艺流程：原料选择→制坯→退盐→甘草糖液→浸糖—干燥→浸糖—干燥→成品。

技术要点：

(1)原料选择　选八成熟、个大饱满、无损伤及无病虫的李果实。洗净沥干，在阴凉通风处晾2~3天或太阳下暴晒1~2天，以蒸发水分，增加果皮韧性。辅助材料主要有食糖、甘草、柠檬酸、肉桂、丁香、豆蔻、茴香粉、香精和食用色素等。

(2)制坯　将李子用水洗净，放入滚桶中摩擦去皮，也可用15%氢氧化钠溶液去皮，然后洗净，用盐腌渍，选择能容20~30千克水缸，按20%的比例加食盐对李进行层层堆腌，用盐量上多下少，顶层完全用食盐封住，过3~5日，李果实中的水分被盐析出，渐把食盐溶解成溶液，李果体积缩小，即加格帘，上加重石，把格帘压到液面下为止。再经7~8天后就可透盐。为增加脆度，可在每100千克腌制液中加明矾200克。

李坯的干燥：李坯可以采用日晒方式进行干燥。晒场可以是清洁的水泥地或晒席，开始果肉柔软，须再晒到李坯稍坚实时才进行翻动。以后每日翻动2~3次。当七成干时，停晒回潮一周再行补晒，晒透后贮藏待用，防潮保存。

优质李坯应为：干爽，外观红褐色，果肉皱缩，表面有盐霜。

(3)退盐　将李坯放入有流动水的洗果槽内浸泡漂洗1~2天，除去90%盐分，晒至半干。

(4)甘草糖液配制　将3千克甘草、1.2千克肉桂加清水60千克煮沸浓缩至50千克，澄清过滤；取其一半加糖20千克、糖精100克配成甘草糖液。

(5)浸糖　将100千克李坯浸入热甘草糖液中，浸泡12小时捞出晒至半干，再把另一半甘草汁加到未被完全吸收的糖液中，另加3~5千克糖，10克糖精及100克柠檬酸调匀，将李坯放入，再浸泡8~12小时至李坯吸收糖液饱和后，取出暴晒，晒干后再拌甘草粉3千克，少许香精和色素即为成品。

(6)成品包装　制品为干性食品，又因糖类易于吸湿，所以必须用聚乙烯薄膜袋作50粒以下的散粒小袋密封包装，便于出售。

质量要求：成品质地柔软细嫩，具有甜、酸、香、咸等风味，无杂质及微生物引起的变质现象。

114 如何进行蜜李片加工？

工艺流程：原料选择→切片→浸灰→熏硫→漂洗—烫煮→糖渍→糖煮→包装。

技术要点：

(1)原料　选用果皮翠绿的鲜李子做原料。剔除病虫果和过熟果。

(2)切片　沿果实的缝合线用刀切下，深度达0.5厘米，用刀将果实劈成两半，果肉不离核。再将每半个果实的果肉纵切成一条条薄片，但两端及两侧不能切断，以免果肉离核。每片厚约0.2厘米。

(3)浸石灰水　在缸内置清水120千克，加石灰2千克溶化成石灰水后，再将165千克李片倒入，浸泡3小时，最长不超过12小时。

(4)漂洗　从石灰水中捞出李片，放在清水中漂洗，每隔8小时换水1次，共需漂洗24小时，待果实内石灰味洗净后将其捞出。

(5)烫煮　将洗净的李片倒入净水中烫煮，待李片色转黄，果皮转黄，且柔软有弹性时，即捞出放入冷水中冷却，半小时后再捞出沥干。

(6)糖渍　先将12千克砂糖加水加热溶解成浓度为50%的糖液，然后倒入沥干的李片，同时上下翻动，搅拌均匀，经半小时后捞出李片。在糖液中再加15千克砂糖，待溶解后，将糖液倒入存放李片的缸内，静置糖浸5~6小时，再滤出糖液，加入砂糖18千克，加热溶解后，仍倒入存放李片的缸内，并经常翻动，经1天后捞出李片。

(7)糖煮　将滤出的糖液滤净后煮沸，将李片倒入糖液中煮10分钟，将10千克饴糖用清水调匀后，连同剩下的11千克砂糖一起倒入锅内，约煮1.5小时。当糖液温度达到107~110℃，糖液浓度约为80%时，即可捞出。冷却后即为成品。

(8)包装　先按每0.5千克装入塑料薄膜食品袋，再装入纸箱，即可外运。

质量要求：成品质地柔软光滑，有弹性，具有甜、酸、香、咸等风味，含糖量65%以上，无杂质及微生物引起的变质现象。

115 如何进行低糖脆李加工?

工艺流程：

鲜李→划缝→护色及硬化→糖渍→干燥→包装

制李坯→划缝→漂洗→糖渍

操作要点：

(1)果坯的保存　用4%的氯化钙($CaCl_2$)作硬化剂并以亚硫酸液浸泡平衡后使二氧化硫(SO_2)浓度达0.2%，对果坯进行保存。

(2)果实的切分形状　李果表皮组织紧密且会有蜡质能阻碍糖分的渗入，因此，果实是否切分对糖的渗入有明显的影响。研究表明，沿果实横径划环行缝有利于糖分的渗入。

(3)糖制工艺　脆李的糖制工艺特点是只能用糖液浸渍，不能加热煮制，生产中以糖液起始浓度为30%，递增幅度为20%；或糖液起始浓度为40%，递增幅度为10%比较适宜，糖液的终止浓度以45%为好，当浓度达到50%以上时，则产品脆度下降，果形皱缩。

(4)染色　以在糖渍液中染色效果好，其产品色黄鲜艳，具有光泽。

(5)糖液使用量　以每100千克原料加糖液35~40千克左右较为适宜。

(6)防腐措施　低糖脆李糖制时，糖液浓度低，又不能加热煮制，故糖渍过程中糖液常易发酵变质。因此，应在糖渍液中加苯甲酸钠或山梨酸钾防腐，添加量为0.05%(以糖液重计)，这样糖渍后的产品，沥干糖液并烘(晒)干表面水即可密封包装，成品不需要再加防腐剂也能安全保存。

质量要求：产品呈淡黄色、有光泽；果形完整、饱满，有5~6条环状逢；甜酸适度、原果味浓、质脆爽口；含水量45%左右，含糖量42%~48%；符合蜜饯类食品卫生国家标准。

116 如何进行李果汁加工?

工艺流程：原料选择与清洗→软化打浆→调整糖酸度→均质和脱气→装罐密封→杀菌冷却→成品。

技术要点：

(1)原料选择和清洗　选择果大、有香气、甜酸适度的果实，除去病虫果，用清水洗净后切半去核。

(2)软化打浆　将李果块放入夹层锅内煮5～10分钟，以软化透为止。若要使果汁有一定甜度，可在煮李块前配制一定量糖液加热至沸，再倒入李果块。将软化后的果块放入打浆机内打浆。连续打浆2次；再将其用1毫米的筛板过滤，打浆时需加抗坏血酸0.04%～0.08%，防止果汁氧化。

(3)调整糖酸度　将经过过滤的李汁进行糖酸度的检测调配。一般糖酸比为1∶18～20为宜。必要时在果汁中加入少量砂糖或柠檬酸。

(4)脱气、均质　打浆过滤后的果汁为浑浊果汁，为保持其浑浊度，应经过均质处理。将调好的混浊果汁，用压力为140～180公斤/厘米^{2}的均质机进行均质处理，使果汁中的细小颗粒进一步破碎，果粒大小均匀，果胶和果汁充分亲和，保持果汁的混浊度。均质后，可采用真空脱气的方法(真空度在450mmHg以上)使果汁脱气。脱气的目的是除去果汁中的空气，以抑制色素、Vc、香气成分和其他物质氧化，防止品质下降；除去附着在果汁中悬浮微粒上的气体，抑制微粒上浮，减少对罐壁或罐盖的腐蚀。

(5)装罐密封　将李果汁装入素铁罐内，净重200克或425克。用装罐机趁热装罐，然后立即密封，封口时罐中心温度不低于75℃。

(6)杀菌和冷却　密封后倒置装篮立即杀菌。利用热交换器在135℃的温度下，用15～30秒时间杀菌。有条件还可以采用无菌装罐，即采用灭菌装罐机在高温蒸汽的控制下，将无菌李汁装入罐内，再封罐。杀菌完成后采用75℃、55℃、35℃温水分段冷却，以保证李汁质量，每段各维持5～7分钟。然后装周转箱控水，晾干。

(7)成品　装罐冷却后的李汁即为成品。将罐存放在通风良好、阴凉干燥处。

质量要求：果汁应具有李香味和色泽，酸甜适口，无异味，原果汁含量在10%以上，糖酸比38:1至40:1之间。

117 如何进行李酒加工？

果酒的配制基本方法有3种，即传统发酵法、浸泡法和发酵浸泡结合法。

浸泡法 是用食用酒精浸泡果实所得的果酒。

传统发酵法 是指用果浆或果汁，经自然酵母或人工培养酵母，在一定条件下发酵，直至糖分耗尽后发酵自然终止的方法。其特点是发酵结束之后，残留糖分很低，每升原酒含糖分4克以下，目前市场销售的果品干酒如葡萄干红、干白酒都是由此法酿制的。

发酵浸泡结合法 是前两种方法的有机结合，可以采用果实先浸泡，制取浸泡原酒后，在果渣中对入糖水，接种入人工培养的酵母进行发酵，制取发酵原酒，两种原酒进行合并。

传统发酵法工艺较复杂，设备种类也较多，但是由于此法发酵过程需要的时间较长，浸出物比较丰富，酿造的果酒香味浓郁，口味醇和丰满，并且便于原酒贮藏和管理，是目前酿制干型果酒唯一的有效方法。下面简单介绍一种用李果汁发酵酿酒的方法。

工艺流程：原料分选→破碎→榨汁（加白砂糖、果胶酶、二氧化硫）→澄清→调整成分→前发酵（加入酵母）→倒桶→后发酵（加入二氧化硫）→分离过滤→装瓶→成品入库。

技术要点：

（1）原料前处理 所选李子原料要求完全成熟，含汁量多，无病虫害及腐烂变质，剔除未熟果，去除杂质。选好的果实用清水洗干净，沥干水分，切分去掉果核。

（2）破碎 去核后的果实中加适量水（加水量为果实总重量的

20% ~30%)，在夹层锅内加热至75℃，煮20分钟，以提高出汁率。在破碎机中破碎成果浆。

(3)榨汁、澄清　在果浆中加入50毫克/千克的二氧化硫、100毫升/千克的果胶酶，搅拌均匀后静置2~4小时后，在榨汁机上榨汁。第一次榨汁后，将果渣疏松，进行第二次榨汁。两次榨出的汁混合后按1000克果汁中加入15~20毫克果胶酶，在30~40℃下保温2~3小时，然后去掉沉淀得澄清果汁。

(4)调节　用糖调整澄清果汁的糖度。一般每100毫升果汁中含糖11~14克，发酵后只能生成6~8度的酒。而成品酒的酒精度要求达到12~13度，在调整糖度时，可根据生成1度酒需要1.7克糖的比例，计算出所需加糖量，在果汁中补加白砂糖。

(5)主发酵　又叫前发酵。澄清果汁经调整理化成分后，接入人工培养的纯种酵母液，进行前发酵。发酵温度为26~28℃，发酵时间为7~10天，而后倒桶分离。

(6)后发酵　倒桶分离的果汁中，补加50毫克/千克的二氧化硫，在15~18℃的温度下，使残糖进一步发酵为酒精。后发酵过程时间为1年以上，在这期间要换3次桶。后发酵结束的指标有2种，一是测其发酵液比重，当比重下降至0.993左右时发酵即结束。二是测残糖在0.5%以下时，后发酵即结束。

(7)分离过滤　后发酵分离出的原酒，及时调整酒度为13~15度，在55℃的温度下进行热处理。热处理时间为5昼夜。热处理后的原酒进行冷冻下胶澄清，一般下胶量为10000升原酒加入明胶0.7千克，静止7~10天后进行过滤。过滤澄清的原酒，再进行冷冻，降温至-4℃冷冻5昼夜后迅速过滤。

(8)杀菌、装瓶　调配合格后的果酒用巴氏杀菌法杀菌(温度75±1℃)，为了确保酒的稳定性，杀完菌后，再进行一次冷冻，在冷冻结束之前，加入少量的维生素C。最后进行过滤，装瓶，贴商标成品入库。

质量要求：酒液微黄色，澄清透明，无悬浮物，无沉淀物，具有李典型的清雅和谐的果香和酒香；滋味纯净柔和，酸甜适中，无异杂味。李干酒酒度13% ~15%，总糖量不高于5克/升，总酸6~8克/升。挥发酸不高于1克/升，维生素C含量高于10毫克/100克。

10 提高李果营销效益的方法

随着产业结构逐步调整，广大农民积极发展李果生产，随着栽植面积的增加、栽培技术的改进，李产量直线上升，“卖果难”成为一个突出问题。为增加经济效益，目前必须提高农民主动闯市场的思想意识；本章目的在于极力改变果农过去只注重产品数量的观念，转变为注重产品质量和产品的标准化、专业化和市场化；让农民学会先进、实用的李果品营销技术，鼓励农民自创“品牌”，走科学、实用的营销道路，使果农富起来。

118 目前李果品营销存在什么误区?

营销观念误区 李果品营销应是多方位提升果品价格和销售量，而果农认为营销即就是价格战。在目前中国特殊的果品市场环境下，随着栽培面积的增加，果农自主经营的果品质量和果品包装上不具备优势，当竞争对手掀起价格战的序幕时，自己别无选择只有跟着进行降价，在大多数情况下，价格战没有赢家，一旦造成价格“穿底”(指价格底线，即盈亏临界点)，给整个李果业带来的将是一场灾难，参战方希望通过价格战在行业中进行“优胜劣汰”的想法不可能实现。

惜售心理误区 有的农民受上一年价格的影响，价格比去年的低，一些农户就不愿出售，结果错失良机，还有的农民朋友看到农产品价格一涨再涨，生怕卖了后吃亏，待价而沽，结果因其他因素使价格低落，又失去了机会。

果品营销滞后的营销管理机制误区 果树推广部门先进行新品种和栽培技术的推广，后进行果品营销设计的营销管理机制误区。

引进新品种毋庸置疑，但一些技术推广部门和果农错误的认为只要有新品种，就可以实现高的经济效益，而忽略新品种的营销策划。我们往往会看到这样一些现象：一些李果产区片面追求品种本身的高、新，这就导致一种奇怪的现象，有些质量好、技术含量高的品种无人问津，果农虽引进一流的品种，但缺乏一流的营销策略与之相配套，无法抓住顾客，达不到预期的经济效益。

轻视新、老品种营销中价格调整误区 背离果树生长周期长的特点，重视新品种上市，轻视新、老品种营销中价格调整。

在新品种投放市场初期，业务员为完成新品种面世任务，会把主要精力放在新品种上，甚至不惜在同一市场投放相同价位或相近价的产品。而新品种如何定位(是形象产品、核心主推产品还是低档上量产品，投放到哪一个市场)；新品种和老品种之间有没有价格冲突、会不会影响老品种的销量；市场上的品种结构是否合理等都没有进行理性的调查分析。促销政策实行一定期限后又被取消，出现了促销一停，销售就下滑的局面。结果市场上老品种无人问津，新品种开始低价倾销的办法，果农的积极性和利益受到严重冲击。

119 目前李果品营销存在什么问题?

(1)我国现在是李果品生产大国，但是我们的李果品营销却没有得到应有的重视，这与果品生产大国的身份是不相称的。

在电视台、电台、报纸杂志上很少看到与李产品有关的广告及相关宣传，尤其是鲜食品种的宣传，同时与之相配套的包装材料也没有开发，严重制约了李果销售量及价位的提升。

农产品现代营销管理水平是衡量一个国家或地区现代农业发展水平的重要标志。因此，构建农产品现代营销管理体系是建设社会主义新农村和发展现代农业的一个重要内容。通过运用现代化的营销手段，提高农产品的产业化、组织化程度，让更多优质、安全的农产品以便捷的方式、通畅的渠道进入消费市场，满足消费者需求，是促进农业增效、农民增收的一条有效途径。加快构建农产品现代营销管理体系，已成为李产业上迫切需要解决的问题之一。

(2)现有的营销方法老化，缺乏吸引消费者的新颖营销策略。

农产品营销观念陈旧，营销手段单一，营销管理滞后。由于经历了长时期的国家“统购统销”，现在，果农资本量小，实力弱，无法建立起固定的销售场所和区域性营销网络，缺少创品牌意识，缺乏市场拓展能力和竞争力。同时，专业化营销人才缺乏，对农产品市场的调查频次较少，调研不够深入，运用现代化市场预测方法、手段、技术不尽科学、合理、灵活，市场信息难以做到迅捷、完整，从而不能长远地、有的放矢地制订农产品营销策略，以致在市场经济中常处在劣势和被动地位。

(3)农产品市场法规制度建设滞后，市场秩序较乱。

近年来农产品批发市场发展较快，数量多，规模大，但国家缺少有效的农产品市场流通交易法规。一些市场经营组织受短期利益驱动，甚至不讲社会责任，不讲市场规律和营销规律，欺行霸市，哄抬物价，掺杂使假，使社会利益和消费者利益受到一定程度的损害。有的经营者缺乏规范的农产品营销行为，在农产品收购与销售中，经常出现相互间压价和倾销等现象，市场竞争无序。农产品销售过程中存在多重中介，中间环节较多，增加了流通交易成本。

(4)果农不重视了解市场行情，在果品价格上完全没有主动性，营销时被外来客商压价。

由于李果中大部分作为鲜食，销售时间短，果农要提前多收集信息，走出坐门等客的误区。要了解各地市场行情，做到知己知彼，减少流通环节，增加收入。果农要增强经纪意识，学会开拓市场。如今好酒也怕巷子深，农民朋友要舍得投入资本学习科技文化知识，不但要有生产的头脑，还要有商品经营的头脑。

(5)重果品生产技术管理人员的培训，轻视果品营销人员的培训，重产不重销。

提高果农素质。通过广泛宣传党的“三农”政策，帮助果农群众提高思想素质，转变观念；通过集中培训、分类施教、现场示范、实地指导和印发资料等措施，分期培训果农，提高果农的技术素质；培育经纪人队伍，建立信息化网络，形成品牌维护机制，引导果农提高经营素质，树立商品意识和市场意识。

(6)认为李树是小树种，在营销投入上远远低于苹果和脐橙等大宗果品。

近年来，在苹果、梨等大路果品普遍走下坡路的时候，价格一跌再跌，众多果农种植利润降低，以李为首的小杂果生产却是一路风光。作为填补市场和满足销售的李果来说，只要是增加农民收入，作为政府和市场营销机构就应该管理和重视。作为李树，果实生育期短，能减少例如在苹果上的套袋、反光膜、打蜡等支出，减少成本。

(7)地方政府农业部门和果农不注重抢先申报本地优势李果品牌。

李果投放市场后，农业推广部门总希望在较短时期内形成品种热销。在“不做品牌做销量”的营销方针指导下，一些营销人员认为“没有做品牌的钱也可以有效提高销量”，尽管在品种投放初期实现了部分销量，终因没有目标消费者和缺少重复购买消费者而导致失败，相同外型、相同质量、相同价格的品种，却因拥有不同的品牌而命运迥异，这就是没有品牌基础的结果。

(8)果品的产后加工是实现增值增效的必要手段，是实现果品产业化的核心环节。

世界发达国家都将果品加工作为果品主导产业，现阶段我国的贮藏加工潜力是巨大的，使果品加工业在我国形成一个产业是可以实现的，政府要从政策、项目、资金上扶持发展一批具有带动能力的龙头企业，积极引进国内外知名企业的资金、设备、技术和人才，保证果品产业的持续稳定发展。

120 政府应如何引导果农重视李果品营销业?

将零星分散在各个山场的果农有效组织起来。为会员统一提供苗木、统一技术操作规程、统一技术指导、统一供应农资、统一品牌、统一包装、统一销售等，能有效降低生产成本，扩大了生产规模，提高农民组织化程度，实现小生产与大市场的对接，增强抵御市场风险的能力。

例如：辽宁省营口市按照培育名牌、争创名牌、扶持名牌的思路，开发了具有地方特色的名牌产品，提高了农产品的档次和市场竞争力。目前全市有 28 个品牌获国家农业博览会名牌称号，56 个品牌获省级名牌产品称号，35 个农产品进行了商标注册。通过结构调整带动了品牌发展，安平大李子等 56 个品牌被评为省级品牌。

如何牵住鼻子，让市场不断地跟着果农跑，围着果农转，政府要引导和带动农民，“不要跟着市场走，而要牵着市场跑”的超前意识。引进一大批具有市场潜力的名特优水果品种的同时，还要引进开发种植名特优水果的客商。通过建立名特优水果示范园和苗圃基地，让当地农民看果，然后把果苗供应给农民，把农民带动起来。建立农民技术经济合作组织，这是联接千家万户的桥梁和纽带，他们在自愿互利、民主管理的原则下，自发地将农民经纪人、专业大户和协会会员为主体的农民联合起来，开展产前、产中、产后各项服务。帮助农户掌握市场信息、技术应用和农产品的购销，发挥群体优势和中介作用。因此，应给予积极引导、大力扶持。一是政策上扶持。把专业协会的管理和指导职责明确化，在协会初建阶段给予一定的资金扶持，建议在有关政策许可范围外，在用水、用电、用地上给予适当优惠，市场收费上减、缓、免。二是信息上互通。政府部门与农民技术经济合作组织应经常开展信息交流活动，建立完整的信息网络体系，用及时、准确、可靠的信息指导农民生产和经营。三是业务上指导。组织工商、税务、法律、供销等部门对农民技术经济合作组织的人员进行市场经济理论、法律法规、经营业务、职业道德等方面的系统培训学习，以提高他们的素质，加快农民经济合作组织发展，逐步达到服务实体化。

121 如何做到好营销与好产品相结合，走绿色营销与绿色产品之路？

发展绿色李产品，必须要依托良好的生态资源环境，首先要根据本地实际情况，把无公害绿色农产品基地建设和生态农业、名优、特产品的开发有机地结合起来；其次是大力推广应用农业科技，合理施肥，多施有机肥，采用综合措施防治病虫灾害，减少农药的施用量，减少农业资源污染，治理好环境，确保绿色农产品的质量；另外，要加强对绿色李产品生产的政策扶持，提高生产绿色农产品的经济效益，从而推动无公害绿色农产品生产的发展。

122 如何实施李产业营销中的产品品牌推进工程?

实施"产品品牌推进工程"是促进农产品提质增效,提高农产品竞争力的有效手段。各地应加快实施农产品品牌战略,提出阶段性争创品牌目标规划,制订激励扶持政策,培植主导产品和拳头产品,做大做强一批具有品牌效应、实行规模化生产的区域特色优势产业带和产业区;引导企业做好质量基础管理工作,建设一批标准化、上规模、上档次的特色优势农产品生产基地。运用市场机制和行政手段,做好企业实施品牌战略的指导和协调,尤其在生产标准制定、品牌认证、品牌宣传、科技创新等方面做好服务,延长品牌农产品的产业链,以品牌为纽带,促进资源向品牌农产品和现代龙头企业聚集,使其培育成具有带动能力、辐射面广、竞争优势强的国际知名农业品牌。

123 如何发挥本地区环境优势,进行产品定位促营销?

以湖南炎陵为例,没有发展苹果、梨等大宗水果,而是根据自身优势,发展特色李果产业。

湖南炎陵 1964 年从福建省南平市引进接穗育苗试种,1986 年开始组织示范推广,建立商品生产基地,在全省最早引种和推广柰李。炎陵县具有山区得天独厚的气候条件,经三十多年的风土驯化和优质栽培,炎陵柰李表现果大形美,质脆味甜,营养丰富,品质极优。产品定位:在 1990 年湖南省首届时鲜水果鉴评会上评为李子组第一名,荣获金杯奖。全县现有柰李面积 1.4 万亩,结果面积 9500 亩,常年产量可达 2500 ~ 3500 吨,生产初具规模,成为炎陵县的一大特色水果,饮誉省内外,畅销深圳、广州、株洲、长沙等大中城市,深受消费者青睐。

124 怎样改变老式营销方法，建立新的营销策略？

李果对比法 就是将不同质量的果品放在一起，用不同的价格进行销售，以满足不同收入水平的消费者，并实现优质优价。2004年杨凌某公司用对比法将自己生产的鲜桃在西安超市以每公斤20元的价格销售一空，获得了较好的经济效益。

与信息时代同步 建立李产品网络营销 在果品行业中的应用主要是以互联网及网络技术为支持，借助水果行业网站和企业网站，实现双向的信息流。即：水果的生产、流通、加工等企业和果农，通过网络及时、形象地发布和获取相关的商品供求及服务信息。在此基础上，以B2B（企业对企业）为主要形式，实现网上营销、洽谈，网下成交、支付。开展网络营销，建立自己的网页，树立公司形象，网上洽谈，改变以往盲目跑市场的情况，节约了成本，增加了订单。

目前，在水果产地县、镇的一些运销大户、专业合作社，也创建了网站，网络营销正在起步和发展。根据素有“中国苹果之都”美誉的山东栖霞调查，在大约200家果品商储公司中，近20%的企业有不同程度的网络营销应用。目前我国水果出口连年大幅增长，进出口贸易顺差超过10亿美元。未来几年，国际水果市场发展潜力大，特别是我国水果出口价格竞争力强，我们发展网络营销，就可以更好地实现国内和国际市场对接，促进果品行业的整体发展。

农村和广大果农不应成为被遗忘的角落。应重视和发挥供销社、果品专业合作组织、协会和果品经纪人的作用，通过培训满足他们自身的学习、应用的需要，并通过他们把网络营销活动扩大和辐射到广大果农。对欠发达地区在经费上给予重点支持，在村级设立信息站，实现网络“村村通”，为农民上网提供方便。

（3）价格法 通过制定合理的价格促进果品销售。果品价格是否合理可运用公式测定，销售量的变化率除以价格的变化率。当商大于 1 时，说明价格过高，应降价销售，当商小于 1 时，说明价格过低，应提高价格销售。

(4)**品尝法** 通过让消费者品尝认可，将果品卖出去。冬枣的销售就是利用品尝法取得了很好的效果。

(5)**找准市场** 不同的地域和不同收入水平的消费者对果品有不同的要求，每个果品生产者都要找准自己果品的市场。只有这样，才能将自己的果品很好地卖出去。

125 如何运用灵活的销售方法，将营销科学变为营销艺术？

转变用途 通过转变果品用途达到促销的目的。辽宁省果树所尝试将李杏资源圃园变为学生了解果树、熟悉农业、参与素质教育的场所，既提高了收入，又提高了社会效益。

赋予文化 给果品赋予文化内涵，提升果品档次和品位。浙江嘉兴园艺所，借“槜李救西施”的传说，弘扬槜李文化，促进了果实营销，显著提高了经济效益。

126 李的效益分析

李果色泽艳丽，营养丰富，含有钾、钙、维生素 B 等营养成分。美国 Tufts 大学的研究证明，李干的抗氧化能力位于各种果品之首，分别是葡萄干的 2.0 倍、蓝莓的 2.4 倍、黑莓的 2.8 倍、甜橙的 7.7 倍、苹果的 26.5 倍、梨的 43.1 倍。所以在欧美有“颜色越深，保健价值越高”之说，蓝色、黑色的李果愈来愈受消费者欢迎。

早熟品种效益分析 以辽宁果树科学研究所审定的大石早生李为例：3 年生树平均亩产 550 千克，5 年生树平均亩产 1100 千克；在河北易县表现极早熟、极丰产、鲜食品质佳、果个大、耐贮运，其果实6月上旬成熟，平均单果重60克，5~6年生树平均亩产1500千克，亩效益6000~7500元。

晚熟品种效益分析 以辽宁果树科学研究所审定的福莱李为例：幼树定植后第二年开始见果，4~5年生进入盛果期。6年生以上树，平均株产20~30千克，亩产可达2000~3000千克，每亩经济效益4000~6000元。

参考文献

[1] 刘成先．果园生草免耕制研究再报．北方果树，1982. 2

[2] 李士榜．果树缺铁营养诊断及防治试验．北方果树，1984. 3

[3] 陈宝江等．大石早生李树体营养积累及分布研究。北方果树，2003. 1

[4] 王淑媛．果园生草制的研究．北方果树，1991. 3

[5] 杨成桓．果树钙素营养诊断指标及使用技术研究．辽宁农业科学．1987. 6

[6] 杨成桓．果树磷素营养诊断指及使用技术研究．辽宁农业科学．1986. 3

[7] 杨成桓．果树专用复合稀土及使用技术研究．北方果树，1997. 4

[8] 杨成桓．关于果树土肥研究的思考．北方果树，1999. 4

[9] 吕忠恕．果树生理．上海：上海科技出版社，1982

[10] 仝月奥．果树营养诊断分析法．北京：农业出版社，1982

[11] 杨健民．李优良品种及实用栽培新技术．北京：中国农业出版社，2000

[12] 王玉柱等．杏李栽培技术问答．北京：中国农业出版社，1998

[13] 刘威生等．李无公害高效栽培．北京：金盾出版社，2004

[14] 刘威生等．怎样提高李栽培效益．北京：金盾出版社，2006

“农民致富关键技术问答丛书”(配 VCD 光盘)

1	《优质梨无公害生产关键技术问答》	定价 15 元
2	《优质板栗无公害生产关键技术问答》	定价 15 元
3	《优质草莓无公害生产关键技术问答》	定价 15 元
4	《袖珍西瓜高效益生产关键技术问答》	定价 12 元
5	《甜瓜高效益生产关键技术问答》	定价 15 元
6	《优质苹果无公害生产关键技术问答》	定价 15 元
7	《设施葡萄无公害栽培关键技术问答》	定价 20 元
8	《优质桃无公害生产关键技术问答》	定价 18 元
9	《优质葡萄无公害生产关键技术问答》	定价 18 元
10	《优质鲜枣无公害生产关键技术问答》	定价 18 元
11	《杏扁高产稳产关键技术问答》	定价 6 元
12	《优质李无公害生产关键技术问答》	定价 10 元
13	《优质柿子无公害生产关键技术问答》	定价 15 元
14	《果树苗圃综合经营问答》	定价 15 元
15	《果园综合经营问答》	定价 15 元
16	《棚室樱桃无公害生产关键技术问答》	定价 7 元
17	《优质核桃无公害生产关键技术问答》	定价 15 元
18	《木耳高效益生产关键技术问答》	定价 10 元
19	《香菇高效益生产关键技术问答》	定价 15 元
20	《金针菇高效益生产关键技术》	定价 10 元
21	《草菇高效益生产关键技术问答》	定价 7 元
22	《杏鲍菇高效益生产关键技术问答》	定价 10 元
23	《白灵菇高效益生产关键技术问答》	定价 10 元
24	《双孢蘑菇高效益生产关键技术问答》	定价 15 元
25	《平菇高效益生产关键技术问答》	定价 10 元
26	《黄瓜亩产万元关键技术问答》	定价 15 元
27	《花菜、绿菜花亩产 5000 元关键技术问答》	定价 15 元
28	《南瓜亩产万元关键技术问答》	定价 15 元
29	《西葫芦亩产万元关键技术问答》	定价 15 元
30	《冬瓜丝瓜苦瓜瓠子亩产万元关键技术问答》	定价 15 元
31	《番茄亩产万元关键技术问答》	定价 15 元
32	《辣椒亩产万元关键技术问答》	定价 15 元

33	《棚室茄子亩产万元关键技术问答》	定价 15 元
34	《甘蓝亩产 5000 元关键技术问答》	定价 15 元
35	《生姜高产关键技术问答》	定价 15 元
36	《芦笋无公害生产关键技术问答》	定价 10 元
37	《南美白对虾高效益养殖关键技术问答》	定价 15 元
38	《无公害河虾高效益养殖关键技术问答》	定价 15 元
39	《林蛙高效益养殖关键技术问答》	定价 10 元
40	《无公害养蜂及蜂产品生产关键技术问答》	定价 15 元
41	《快速养猪关键技术问答》	定价 10 元
42	《猪病诊断和防治关键技术问答》	定价 12 元
43	《肉牛快速养殖关键技术问答》	定价 15 元
44	《奶牛无公害高产养殖关键技术问答》	定价 15 元
45	《优质肉羊快速养殖关键技术问答》	定价 10 元
46	《肉兔快速养殖关键技术问答》	定价 12 元
47	《毛用兔高效益养殖关键技术问答》	定价 12 元
48	《獭兔高效益养殖关键技术问答》	定价 12 元
49	《肉鸡高效益养殖关键技术问答 》	定价 15 元
50	《蛋鸡年产 280 枚蛋养殖关键技术问答》	定价 10 元
51	《土鸡高效益养殖关键技术问答》	定价 10 元
52	《鸡病诊断和防治关键技术问答》	定价 10 元
53	《优质肉鸭高效益养殖关键技术问答》	定价 15 元
54	《蛋鸭 500 日龄产 300 枚蛋养殖关键技术问答》	定价 10 元
55	《番鸭快速养殖关键技术问答》	定价 10 元
56	《鸭病诊断和防治关键技术问答》	定价 12 元
57	《鹅高效益养殖关键技术问答》	定价 15 元
58	《鹌鹑快速养殖关键技术问答 》	定价 10 元
59	《甲鱼高效益养殖关键技术问答》	定价 9 元
60	《河蟹高效益养殖关键技术问答》	定价 15 元
61	《池塘高效益养鱼关键技术问答》	定价 12 元
62	《棚室建造与管理知识问答》	定价 12 元
63	《农家观光园高效益经营知识问答》	定价 6 元
64	《棚室蔬菜病虫害防治关键技术问答》	定价 15 元
65	《农药科学使用知识问答》	定价 10 元